T0135938

Recherche et enseignement des mathématiques au IXe siècle

LES CAHIERS DU MIDEO

– 2 –

Recherche et enseignement des mathématiques au IXe siècle

Le recueil de propositions géométriques de Na'īm ibn Mūsā

Roshdi RASHED et Christian HOUZEL

ÉDITIONS PEETERS

Louvain – Paris

2004

© Peeters, Bondgenotenlaan 153, B – 3000 Leuven, 2004
Cahiers du Mideo 2
ISBN 90-429-1496-3 (Peeters Leuven)
ISBN 2-87723-808-3 (Peeters France)
D. 2004/0602/100

Institut Dominicain d'Études Orientales du Caire
1 rue Masna Al-Tarabich, B.P. 18 Abbassiah, 11381 Le Caire
Responsable de la publication: Régis Morelon, o.p.

PRÉFACE

Le patronyme des trois frères Banū Mūsā est illustre, en latin aussi bien qu'en arabe, et les historiens n'ignorent pas le rôle, à plusieurs facettes, qui fut le leur dans le développement des mathématiques et dans la création d'une tradition et d'une école[1]. On connaît en effet leur participation active à la transmission de l'héritage mathématique grec en arabe. On sait aussi l'importance de la contribution du benjamin, al-Ḥasan, au développement de la recherche sur les sections coniques ; celle du cadet Aḥmad en mécanique, celle de l'aîné Muḥammad en astronomie furent aussi considérables. Cette équipe formée des trois frères, à laquelle se sont joints des traducteurs, s'est agrandie par le recrutement de savants du calibre de Thābit ibn Qurra. C'est en effet dans cette école des Banū Mūsā que ce dernier a appris les mathématiques, avant d'en devenir le chef puis le maître des propres enfants de Muḥammad, au nombre desquels figurait un certain Naʿīm[2] ibn Mūsā.

Sur ce dernier, les sources historiques et bibliographiques sont muettes. L'ancien biobibliographe du XIIIᵉ siècle al-Qifṭī[3], la meilleure source sur Ibn Qurra, nous apprend simplement que Naʿīm était l'élève de ce dernier. La date de la mort de Muḥammad ibn Mūsā, le père (873), nous permet de situer Naʿīm, son fils : un homme de la seconde moitié du IXᵉ siècle. Aucun autre témoignage, direct ou indirect, ne vient nous renseigner sur le fils de Muḥammad, élève de Thābit. Nous pouvons seulement en dire qu'il fut un homme cultivé en mathématiques, sans pour autant appartenir au rang le plus élevé, à cette classe qui était celle de ses parents et de ses professeurs. Or c'est précisément à ce titre que Naʿīm nous intéresse ici. Expliquons-nous.

---

[1] R. Rashed, *Les Mathématiques infinitésimales du IXᵉ au XIᵉ siècle*. Vol. I : *Fondateurs et commentateurs : Banū Mūsā, Thābit ibn Qurra, Ibn Sinān, al-Khāzin, al-Qūhī, Ibn al-Samḥ, Ibn Hūd*, London, al-Furqān Islamic Heritage Foundation, 1996.

[2] Il y a deux choix possibles en raison de l'absence de vocalisation : ou bien Naʿīm, ou bien Nuʿayyim. Nous avons opté pour le premier. D'autre part, comme le rappelle al-Qifṭī, les enfants des Banū Mūsā furent plus connus sous le nom de Banū al-Munajjim (*Taʾrīkh al-ḥukamāʾ*, éd. J. Lippert, Leipzig, 1903, p. 441).

[3] Al-Qifṭī, *Taʾrīkh al-ḥukamāʾ*, éd. J. Lippert, p. 120.

La bonne fortune a mis sur notre chemin un écrit mathématique de Naʿīm ibn Mūsā. Cet écrit — un recueil d'une quarantaine de problèmes de géométrie plane — ne se distingue ni par les théorèmes établis, ni par les résultats obtenus. En revanche, une lecture attentive révèle quelques traits qui retiennent l'attention de l'historien des mathématiques. Ce livre a donc la forme d'un recueil de problèmes, l'une des premières rédactions dans un genre littéraire, celui des recueils et des anthologies, appelé à prospérer au cours du Xe siècle — comme on le constate avec Ibn Sinān et ses contemporains, ou, plus tard, avec des mathématiciens comme al-Sijzī. Or ce genre littéraire, sa spécificité, le rôle qu'il a joué dans la transmission du savoir mathématique en particulier, n'ont pas encore reçu l'étude qu'ils méritent. Ce n'est pas cette étude que nous présenterons ici. Notre ambition est simplement de réfléchir aux raisons de l'émergence d'un tel genre au milieu du Xe siècle, et le recueil de Naʿīm nous offre un exemple inédit, propice à l'ébauche d'une telle réflexion.

Mais ces pages de Naʿīm, témoin de la naissance d'un genre littéraire, sont aussi, comme on peut s'y attendre, le reflet de la culture mathématique d'un Bagdadien de la seconde moitié du Xe siècle, à la fois héritier de ses savants parents et élève de Thābit ibn Qurra. Nous tenons donc là un exemple de choix, qui nous permet de repérer, ne serait-ce qu'en filigrane, les rapports entre recherche et enseignement à cette époque, à Bagdad. Autant de raisons qui confirment l'importance et l'intérêt de cet écrit. Du reste le mathématicien du XIIIe siècle Naṣīr al-Dīn al-Ṭūsī ne s'y est pas trompé, lorsqu'il s'en est fait une copie personnelle.

On verra que ce recueil s'ouvre sur deux équations quadratiques, résolues géométriquement, avant de s'engager dans l'étude d'une quarantaine de problèmes géométriques constructibles à la règle et au compas. Ces problèmes sont tous des exemples, dont certains se dérivent des autres à une légère modification près. Ce sont ces derniers que l'on peut réunir en des groupes ; autant dire qu'il n'y a pas de critère de classification qui permette d'épuiser tous les problèmes. Ainsi, certains relèvent de l'algèbre géométrique, d'autres de la géométrie métrique, d'autres encore rappellent ceux des *Données* d'Euclide. Il arrive que les démonstrations ne soient pas complètes, ou même qu'elles soient entachées de fautes. Aucune ne suppose d'autre connaissance que celle des six premiers livres des *Éléments*, de certaines propositions des *Données* et de l'algèbre d'al-Khwārizmī.

Mais une semblable description ne peut nous satisfaire s'il s'agit de comprendre pourquoi ce recueil, les raisons de sa composition et les différents choix de Naʿīm. Pour mieux saisir cela, il nous faut remonter au maître de

Na'īm, à Thābit ibn Qurra. Celui-ci fut le premier, que je sache, à établir[4] que l'application des aires est équivalente à une équation quadratique et qu'un problème de division d'une droite donnée, sous une condition exprimée par l'égalité de deux aires, conduit à une équation du second degré que l'on peut donc résoudre par une application des aires. Thābit ibn Qurra établit cette équivalence pour les trois équations canoniques d'al-Khwārizmī

$$x^2 + bx = c \; ; \; x^2 + c = bx \; ; \; x^2 = bx + c$$

à l'aide des propositions 5 et 6 du second livre des *Éléments*. C'est seulement avec ce livre de Thābit, et jamais avant, que l'on peut parler d'algèbre géométrique. Pour chaque équation, Thābit écrit que « la méthode de sa solution par la géométrie coïncide avec la méthode de sa solution par l'algèbre »[5].

À partir de Thābit ibn Qurra, on voit se dessiner deux traditions, et non point une seule. Les mathématiciens de la première tradition sont les algébristes qui trouvent désormais dans les *Éléments* les moyens géométriques de consolider les démonstrations de la théorie des équations quadratiques, comme Ibn Turk, Abū Barza et Abū Kāmil. Avec ce dernier, on trouve, à côté d'une théorie algébrique de ces équations, une étude géométrique des équations quadratiques. Plus tard, Abū al-Jūd, et surtout al-Khayyām, élaboreront une théorie géométrique des équations cubiques à l'aide des courbes coniques. Les algébristes de cette tradition commencent, à l'exemple d'al-Khwārizmī, par une classification *a priori* de tous les problèmes. Nous avons déjà souligné, à propos de ce dernier, combien cette classification *a priori* est essentielle à la conception de l'algèbre comme discipline[6]. Une fois cette classification établie, les recueils et les anthologies n'ont plus de raison d'être ; il y a tout au plus des exemples d'application qui font partie intégrante des traités d'algèbre.

La seconde tradition, inaugurée par Thābit ibn Qurra, est celle des mathématiciens qui accordent leur préférence à la géométrie, tout en connaissant l'algèbre. La primauté de la géométrie avait, selon toute vraisemblance,

[4] Voir son traité *Rectification des problèmes de l'algèbre par les démonstrations géométriques*, éd. et trad. par Paul Luckey, « Ṭābit b. Qurra über den geometrischen Richtigkeitsnachweis der Auflösung der quadratischen Gleichungen », *Berichte über die Verhandlungen der sächsischen Akademie der Wissenschaften zu Leipzig*, Mathematisch-Physische Klasse, Bd 93, 1941, p. 93-114.

[5] *Ibid.*, p. 112.

[6] R. Rashed, *Entre arithmétique et algèbre. Recherches sur l'histoire des mathématiques arabes*, Collection « Sciences et philosophie arabes - Études et reprises », Paris, Les Belles Lettres, 1984, p. 17-29.

trouvé son origine dans une exigence de rigueur que l'algèbre ne pouvait alors satisfaire. Seule en effet la géométrie était bâtie sur des bases solides, c'est-à-dire sur un «système» d'axiomes et de postulats. Quoi qu'il en soit, ce choix a incité ces mathématiciens à développer une géométrie apte à englober aussi des problèmes algébriques. Ainsi l'équivalence évoquée plus haut et établie par Thābit ibn Qurra est suffisante pour la théorie des équations quadratiques. Al-Qūhī établira plus tard une équivalence analogue pour les problèmes solides[7]. Mais dans cette tradition les géomètres ne pouvaient plus procéder par une classification *a priori*, à l'image des algébristes. Il n'y a donc plus qu'à traiter des exemples, et par conséquent à composer des recueils et des anthologies, où l'on s'efforce de poursuivre la recherche pour développer cette géométrie capable de traiter aussi des problèmes algébriques. Rien d'étonnant donc si les recherches de ce genre ne s'arrêtent pas à la seule solution des problèmes, mais s'emploient aussi à établir des propositions. Avec le livre de Na'īm, nous avons l'un des premiers écrits de cette tradition engagée par son maître. Tout au long de ce livre, nous l'avons noté, Na'īm procède ou bien par application des aires, ou bien, lorsque cela n'est pas assuré, par recours à une autre méthode, à l'aide d'un triangle semblable à un triangle donné et d'aire donnée.

C'est avec cette tradition de géomètres que va se développer l'algèbre géométrique : la chose aussi bien que son lexique. Il suffit de lire Na'īm ibn Mūsā pour constater qu'il ne parle plus exactement comme Euclide, pas tout à fait non plus comme al-Khwārizmī. Son discours est mixte, le vocabulaire de la théorie des proportions y côtoie celui de la géométrie euclidienne aussi bien que les termes de l'algèbre d'al-Khwārizmī. Il va même jusqu'à recourir à la terminologie de ce dernier, y compris au nom des opérations, pour désigner les segments de droites ainsi que les surfaces.

Cette recherche géométrique, son langage et la forme des recueils conçus pour en livrer les résultats, ne peuvent donc se comprendre que comme le terme d'un double mouvement, d'une dialectique engagée entre l'algèbre et la géométrie — à l'évidence orientée en fonction de l'algèbre, cette démarche est aussi contre elle. C'est encore cette même dialectique qui caractérisera une bonne partie de cette recherche, après qu'au Xe siècle elle eut gagné en envergure et en richesse avec le petit fils de Thābit ibn Qurra — Ibn Sinān — et ses contemporains. Mais si l'on s'en tient aux seuls problèmes plans, constructibles à la règle et au compas, on intègre un ensemble de techniques qui s'avèrent essentielles pour l'algèbre : les transformations affines, des procédés d'élimination des inconnues. Mieux encore,

---

[7] R. Rashed, *Les Mathématiques infinitésimales du IXe au XIe siècle*. vol. III : *Ibn al-Haytham. Théorie des coniques, constructions géométriques et géométrie pratique*, London, 2000, p. 919-935.

la recherche s'intéresse alors à des problèmes d'analyse indéterminée et se trouve soumise en ce domaine aux canons de l'analyse et de la synthèse. Ce champ de la recherche géométrique, dont l'algèbre géométrique est partie intégrante, ne cessera de s'étendre et de se ramifier, si bien que, dans la seconde moitié du Xᵉ siècle, il inclura aussi des problèmes solides traités à l'aide des sections coniques.

Le livre de Na'īm existe en un seul manuscrit, Istanbul A 314, fol. 122ᵛ-136ᵛ. On lit dans le colophon: «Ceci est la fin du livre de Na'īm ibn Muḥammad ibn Mūsā sur les propositions géométriques». Le copiste ne donne pas la date de l'achèvement de la transcription, mais nous savons par d'autres traités de cette collection que la copie a eu lieu en 916 H/1510[8]. Le copiste nous apprend que son modèle était transcrit par le mathématicien Naṣīr al-Dīn al-Ṭūsī, modèle «extrêmement corrompu», et nous prévient que lorsqu'il comprend il rectifie, mais laisse en l'état ce qu'il n'a pas saisi.

Nous donnons ici l'*editio princeps* de ce texte important, sa traduction française et son commentaire mathématique[*].

Roshdi Rashed

[8] Voir notamment le traité d'al-Qūhī sur le compas parfait, fol. 119ʳ (éd. R. Rashed, *Geometry and Dioptrics in Classical Islam*, London, al-Furqān Islamic Heritage Foundation, 2004).

[*] L'ensemble de ce livre ainsi que le glossaire ont été préparés pour l'impression par Aline Auger, Ingénieur d'études au CNRS, que nous tenons à remercier ici.

COMMENTAIRE MATHÉMATIQUE

– 1 – On considère un quadrilatère $ABCD$ dont les quatre côtés AB, BC, CD et DA sont connus, ainsi que la hauteur AG. On sait de plus que les angles ABC et BCD sont égaux. On veut déterminer les diagonales AC et BD.

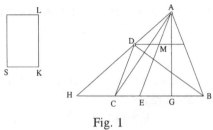

Fig. 1

Analyse : Supposons connu le quadrilatère ; traçons AE parallèle à DC et DM parallèle à BC. Soit H le point où AD et BC prolongées se rencontrent.

Les segments $AE = AB$ et $ME = DC$ sont connus, donc aussi $AM = AE - ME = AB - DC$ (on suppose ici que $AB > DC$). Ainsi $\dfrac{AD}{DH} = \dfrac{AM}{ME}$ est connu et DH est connu ; il en est de même de $AH = AD + DH$ (on a $\dfrac{AH}{AD} = \dfrac{AB}{AM}$). Or

$$AH^2 = AE^2 + EH^2 + 2EH \cdot GE = AB^2 + EH \cdot BH$$

(si on suppose l'angle $BEA = BCD$ aigu). Il en résulte que la surface $EH \cdot BH$ est connue. Par ailleurs $\dfrac{EC}{CH} = \dfrac{AD}{DH}$ est connu, de même que $\dfrac{EH}{CH} = \dfrac{AH}{DH} = \dfrac{AB}{DC}$. Soit LKS un rectangle tel que $\dfrac{KS}{LK} = \dfrac{CH}{EH} = \dfrac{DC}{AB}$; appliquons au côté BC une aire égale à $BH \cdot EH$ avec un excès semblable à LSK, et soit BF le rectangle obtenu. Comme CH et EH sont déterminés par les relations

$$\begin{cases} BC \cdot EH + CH \cdot EH = BH \cdot EH \ \text{aire donnée} \\ \dfrac{CH}{EH} = \dfrac{DC}{AB} \ \text{rapport donné} \end{cases},$$

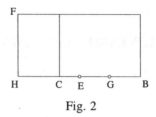

Fig. 2

on voit que la base de *BF* est *BH* et que sa hauteur est égale à *EH*. Les positions des points *E* et *H* sont donc déterminées. On en déduit la position de *G* au milieu de *BE*, puis celle de *A* car *AG* est connu. On construit alors *D* en portant *AD* (connu) sur *AH* et les diagonales *AC* et *BD* sont alors connues.

Remarques:

1) Le dernier paragraphe du texte est corrompu et il ne pose pas bien le problème d'application des aires.

2) En posant *AB* = *a*, *BC* = *b*, *CD* = *c*, *DA* = *d* et *AG* = *h*, on a

$$AM = a - c, \quad \frac{DH}{d} = \frac{c}{a-c},$$

d'où

$$DH = \frac{cd}{a-c} \quad \text{et} \quad AH = d\left(1 + \frac{c}{a-c}\right) = \frac{ad}{a-c}.$$

Ensuite

$$EH \cdot BH = \frac{a^2 d^2}{(a-c)^2} - a^2 = \frac{a^2}{(a-c)^2}\left(d^2 - a^2 - c^2 + 2ac\right), \quad \frac{CH}{EH} = \frac{c}{a}.$$

Le problème d'application des aires s'écrit, si on pose *EH* = *x* :

$$* \qquad bx + \frac{c}{a}x^2 = \frac{a^2}{(a-c)^2}\left(d^2 - a^2 - c^2 + 2ac\right),$$

équation de degré 2 pour déterminer *EH* :

$$EH = \frac{a}{2c}\left(\sqrt{b^2 - 4ac + \frac{4acd^2}{(a-c)^2}} - b\right).$$

Le problème n'est possible que si $b^2 - 4ac + \frac{4acd^2}{(a-c)^2} \geq 0$, c'est-à-dire si $b^2(a-c)^2 \geq 4ac(a-c-d)(a-c+d)$.

3) On a $h^2 = AG^2 = AE^2 - EG^2 = a^2 - \dfrac{BE^2}{4} = a^2 - \dfrac{1}{4}\left(b - \dfrac{(a-c)x}{a}\right)^2$; donc h est

déterminé par la connaissance de a, b, c, d, et sa donnée était inutile. Dans la construction, une fois G déterminé, on peut obtenir A comme intersection de la médiatrice GA de BE avec le cercle de centre B et de rayon a.

4) On a $AC^2 = AB^2 + BC^2 - 2BC \cdot BG = a^2 + b^2 - b\left(b - x + \dfrac{cx}{a}\right) = a^2 + \dfrac{a-c}{a}bx$, et

$BD^2 = BC^2 + CD^2 - 2BC \cdot CX$, où X est la projection de D sur BC.

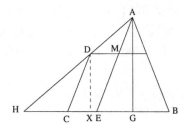

Fig. 3

Les triangles CXD et EGA sont semblables, donc $\dfrac{CX}{EG} = \dfrac{CD}{AE} = \dfrac{c}{a}$ et

$CX = \dfrac{c}{a} \cdot \dfrac{BE}{2} = \dfrac{c}{2a}\left(b - x + \dfrac{c}{a}x\right)$.

Ainsi $BD^2 = b^2 + c^2 - \dfrac{bc}{a}\left(b - x + \dfrac{c}{a}x\right) = c^2 + \dfrac{a-c}{a}b\left(b + \dfrac{cx}{a}\right)$.

5) *Discussion* : On a vu que le segment $EH = x$ n'existe que sous la condition $b^2(a-c)^2 \geq 4ac(a-c-d)(a-c+d)$. Par ailleurs, pour construire le point A, il faut que $BA = a > BG = \dfrac{1}{2}\left(b - \dfrac{a-c}{a}x\right)$, c'est-à-dire $x > \dfrac{b-2a}{a-c}a$, ce qui est toujours vérifié si $b \leq 2a$. En substituant $\dfrac{b-2a}{a-c}a$ dans l'équation *, on trouve

$$\dfrac{(b-2a)^2}{(a-c)^2}ac + \dfrac{b(b-2a)}{a-c}a - \dfrac{a^2}{(a-c)^2}(d^2 - a^2 - c^2 + 2ac) = \dfrac{a^2}{(a-c)^2}\left((a+c-b)^2 - d^2\right).$$

Si $b \geq 2a$, on doit supposer que $(a+c-b)^2 - d^2 \leq 0$ pour que $\dfrac{b-2a}{a-c}a$ soit inférieur à x. La condition cherchée est donc $b \leq 2a$ ou $|a+c-b| \leq d$.

Cette discussion est absente du texte.

– **2** – Construire un triangle rectangle tel que le plus grand des deux côtés de l'angle droit soit moyenne proportionnelle entre l'hypoténuse et le petit côté de l'angle droit.

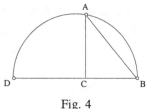

Fig. 4

Soit un segment donné BD ; on prend le point C[1] tel que $\dfrac{BC}{CD} = \dfrac{CD}{BD}$ (ou $CD^2 = BC \cdot BD$) avec $BC < CD < BD$. On trace le demi-cercle de diamètre BD et on mène $CA \perp BC$. On a $AB^2 = BC \cdot BD$, donc $AB = CD$. On a également

$$AC^2 = CB \cdot CD \text{ ou } \frac{CB}{CA} = \frac{CA}{CD}.$$

On a donc

$$\frac{CB}{CA} = \frac{CA}{AB}$$

avec $BC < CA < AB$.

Le triangle ABC est le triangle cherché.

– **3** – On a un triangle ABC et un point D quelconque sur $[BC]$. Par un point E donné sur AD, on veut mener une droite qui coupe AB en G et AC en H telle que $EG = k \cdot EH$ (figure avec $k = 2$).

---

[1] Construction du point C qui vérifie $CD^2 = BC \cdot BD$. Posons $BD = 2a$, $BI \perp BD$, $BI = BD/2 = a$, donc $DI = a\sqrt{5}$. Soit K sur DI tel que $IK = a$
$$DK = a(\sqrt{5} - 1).$$

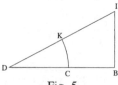

Fig. 5

C tel que $DC = DK$ répond au problème.
Vérification: $CD^2 = a^2(\sqrt{5} - 1)^2 = a^2(6 - 2\sqrt{5}) = 2a^2(3 - \sqrt{5})$
$BC = 2a - a(\sqrt{5} - 1) = 3a - a\sqrt{5} = a(3 - \sqrt{5}) \Rightarrow BC \cdot BD = 2a^2\,(3 - \sqrt{5}).$

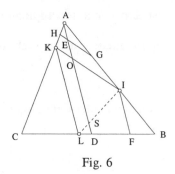

Fig. 6

Par *I* quelconque sur *AB* on mène *IF* // *AD* et par *L* sur *BC* tel que *DF* = *k* · *DL* on mène *LK* // *AD*.

KI coupe *AD* en *O*.

D'après le théorème de Thalès, on a

$$\frac{OI}{OK} = \frac{DF}{DL} = k.$$

On mène par *E* la parallèle à *IK*, les divisions *H*, *E*, *G* et *K*, *O*, *I* sont homothétiques, donc

$$\frac{EG}{EH} = \frac{OI}{OK} = k \text{ ou } EG = k \cdot EH.$$

Remarque : Il n'est pas nécessaire de tracer la droite *ISL*.

– 4 – $\qquad x^2 + ax = b.$

α)

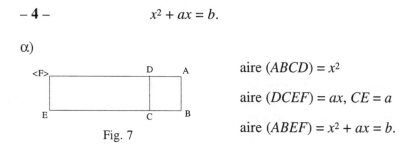

Fig. 7

aire (*ABCD*) = x^2

aire (*DCEF*) = ax, *CE* = a

aire (*ABEF*) = $x^2 + ax = b$.

Remarque : Si le segment *CE* = *a* est donné, il faut construire *B* au-delà de *C* tel que *BC* · *BE* = *b* [car *BC* · *BE* = *BE* · *BA* = aire (*ABEF*)] ; on a alors

$BC = x$. La construction est ramenée à une application des aires avec excès carré[2].

La racine cherchée est la longueur d'un segment défini par une construction géométrique.

β) L'auteur indique comment calculer CB défini dans α).

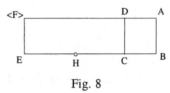

Fig. 8

Soit H le milieu de CE, on a

$$BE \cdot BC + CH^2 = BH^2, \ CH = \frac{a}{2} \ ;$$

or $BE \cdot BC = BE \cdot BA = b$, donc

$$b = BH^2 - CH^2, \ BH^2 = b + \frac{a^2}{4},$$

$$CH = \frac{a}{2}, \ BC = x, \ BH = \frac{a}{2} + x,$$

d'où

$$b = \left(\frac{a}{2} + x\right)^2 - \frac{a^2}{4},$$

donc

---

[2] Construction du point B du problème 4: (α) $EC = a$, $BC \cdot BE = b$. On trace le cercle de diamètre EC, de centre O. Soit ET tangente en E avec $ET = \sqrt{b}$. La droite TO coupe le cercle en M et M', on a $TM \cdot TM' = TE^2 = b$,

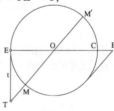

Fig. 9

donc $TM = BC$ et $TM' = BE$ car $TM' - TM = BE - BC$.

$$\left(\frac{a}{2} + x\right)^2 = b + \frac{a^2}{4} \Leftrightarrow x^2 + ax = b$$

$$x = \frac{-a + \sqrt{4b + a^2}}{2}.$$

Ces deux démonstrations sont du même type que celles qu'on trouve chez Thābit ibn Qurra dans son traité sur les problèmes géométriques intitulé *Lemmes* (*Muqaddamāt*)[3].

γ)

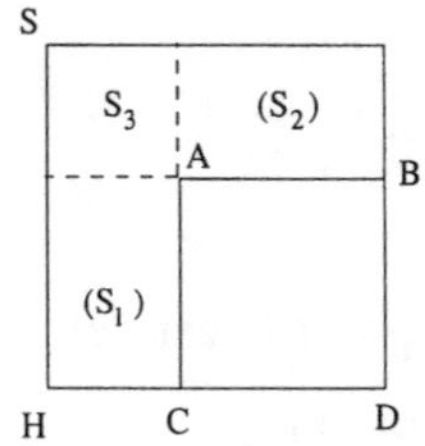

Fig. 10

$$AB = \frac{a}{2}$$

$$\text{aire } (SD) = b + \frac{a^2}{4}, \quad (SD) \text{ est un carré}$$

$$HD = \sqrt{b + \frac{a^2}{4}} \text{ et } CD = \frac{a}{2},$$

$$\text{donc } HC = \frac{-a + \sqrt{4b + a^2}}{2}.$$

L'aire du gnomon est b. Si on le décompose en trois parties, on a $S_1 + S_2 = ax$ et $S_3 = x^2$.

Cette démonstration est du même type que celle qu'on trouve chez al-Khwārizmī.

– **4′** – $x^2 + b = ax.$

α) $x^2 + b = ax$

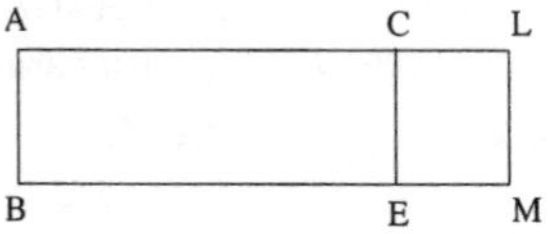

Fig. 11

aire $(MLCE) = x^2$

aire $(ACEB) = b$

aire $(ALMB) = ax \Rightarrow AL = a.$

[3] Ms. Oxford, Bodleian Library, Thurston n° 3, fol. 134^v-135^r. Voir notre édition à paraître.

Il s'agit donc de construire sur un segment donné AL ($AL = a$) un point C[4] tel que $LC \cdot CA = b$; on a alors $CL = x$.

Remarque : Comme dans le problème 4, la racine cherchée est la longueur d'un segment défini par une construction géométrique. L'auteur ramène cette construction à une application d'aire avec défaut (voir remarque page suivante).

β) $x^2 + b = ax \Leftrightarrow x^2 - ax + b = 0$, $\Delta = a^2 - 4b$.

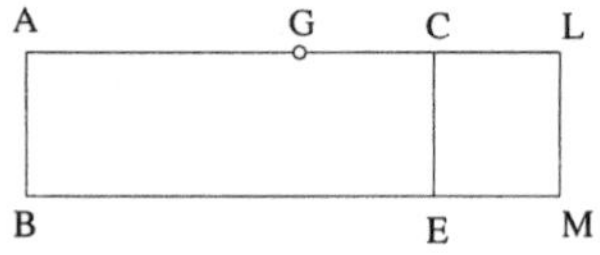

Fig. 12

On a $AL = a$ et G milieu de AL, d'où $GL = \dfrac{a}{2}$. Le point C est défini par $b = AC \cdot CE = AC \cdot CL$; or $AC \cdot CL = GL^2 - GC^2 = b$, donc

$$GL^2 - b = GC^2,\ \frac{a^2}{4} - b = GC^2\ ;$$

GC est connu et

$$CL = GL - GC = \frac{a - \sqrt{a^2 - 4b}}{2}\ ;$$

CL est la racine.

---

[4] Construction du point C : (α) $AL = a$, segment donné. Trouver C tel que $CA \cdot CL = b$. On trace le cercle de diamètre AL et on mène LT tangente en L, avec $LT = \sqrt{b}$. La parallèle à AL coupe le cercle en M ; on mène $MC \perp AL$. Le point C est le point cherché,

$$b = TL^2 = MC^2 = CA \cdot CL.$$

Fig. 13

Le point C existe si $TL < \dfrac{a}{2} \Rightarrow b < \dfrac{a^2}{4}$.

γ) Sur $AG = \dfrac{1}{2}AL = \dfrac{a}{2}$, on construit un carré $AGHI$, on en retranche le nombre connu et il reste le carré de GC ; on a alors $AC = x$.

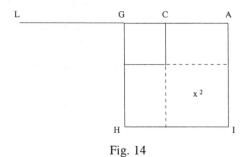

Fig. 14

On sait que

$$GC^2 = \frac{a^2}{4} - b,$$

donc

$$\frac{a^2}{4} - GC^2 = b,$$

ce qui donne l'aire du gnomon. En ajoutant le carré inférieur x^2, on trouve $b + x^2 = 2 \times$ rectangle $CI = ax$; l'équation est donc vérifiée.

Commentaire : Dans les problèmes 4 et 4′, la partie α indique une construction géométrique[5] d'un segment qui représente la racine ; la partie β fait le calcul de la longueur de ce segment en fonction des données a et b, et la partie γ utilise le résultat obtenu et en donne une interprétation géométrique qui fait intervenir un gnomon dont l'aire est le nombre b. On observe que les parties α et β sont proches des raisonnements de Thābit ibn Qurra, tandis que la partie γ ressemble aux raisonnements d'al-Khwārizmī.

Remarques :

• Dans la partie β de la proposition 4, on a $CH = \dfrac{a}{2}$ et $b = BH^2 - CH^2$. On connaît donc la longueur BH, ce qui permet de placer le point B cherché.

---

[5] Voir notes précédentes.

• Dans la partie β de la proposition 4′, on a $GL = \dfrac{a}{2}$ et $GL^2 - GC^2 = b$. On en déduit la longueur GC qui existe si $\dfrac{a^2}{4} > b$, on peut alors placer le point C cherché.

– **5** – Soit BED un triangle rectangle en E et $EC \perp BD$. Menons $BH = DH = ED$ et CH, alors $CH = CD$.

Deux cas de figure se présentent :

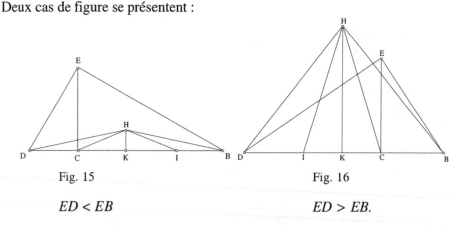

Fig. 15	Fig. 16
$ED < EB$	$ED > EB$.

Pour que H existe, il faut $DE > \dfrac{1}{2} BD$ ($DH = HB = DE$).

On mène $HK \perp BD$, on prend I tel que $KI = KC$. Or K est milieu de BD, donc $BI = CD$. On a $ED^2 = DC \cdot DB$, donc $DH^2 = BD \cdot DC$. La figure du texte suppose $DE < EB$, alors l'angle DCH est obtus et on a

$$DH^2 = DC^2 + CH^2 + 2KC \cdot CD = DC^2 + CH^2 + CI \cdot CD,$$

donc

$$DH^2 = CH^2 + CD\,(CD + CI) \Rightarrow DH^2 = CH^2 + CD \cdot BC \; ;$$

or

$$ED^2 = CD^2 + BC \cdot CD,$$

donc

$$CH^2 = CD^2 \Rightarrow CH = CD.$$

Remarques :

a) Si $ED > EB$, alors l'angle DCH est aigu et on a

$$DH^2 = DC^2 + CH^2 - 2KC \cdot CD = DC^2 + CH^2 - CI \cdot CD.$$

$$DH^2 = CH^2 + DC\,(DC - CI) = CH^2 + CD \cdot BC,$$

comme dans le premier cas ; la construction est la même.

b) Si DEB est isocèle, $DE = DB$, alors H est en E et on a bien $CH = CE = CD$, car C est milieu de DB.

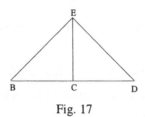

Fig. 17

– **6** – Soit un triangle ABC, un point D quelconque sur AB. On veut mener par D une droite qui coupe AC en M et le prolongement de BC en E, de sorte que aire $(BDE) = \lambda \cdot$ aire (ADM).

Une droite quelconque menée par D coupe AC en I. Sur la droite DI on prend O et G tels que $DO = \lambda \cdot DI$ et $\dfrac{DO}{DG} = \dfrac{BD}{DA}$ et on mène $OS \, // \, AC$ et $GE \, // \, AC$ (E sur BC et S sur ED). La droite DE coupe AC en M.

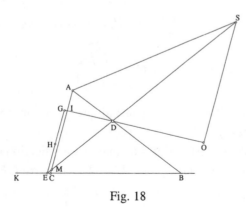

Fig. 18

On a

$$\frac{DS}{DM} = \frac{DO}{DI} = \lambda \quad \text{et} \quad SD = \lambda \cdot DM,$$

d'où

$$\text{aire } (ADS) = \lambda \cdot \text{aire } (ADM).$$

Mais on a

$$\frac{SD}{DE} = \frac{OD}{DG} = \frac{BD}{DA},$$

d'où

$$\text{aire } (SDA) = \text{aire } (BDE).$$

On a donc aire $(BDE) = \lambda \cdot$ aire (ADM).

Remarque : on reconnaît ici un problème de division d'une figure plane.

– **7** – Soit ABD un triangle dans lequel la somme $AD + DB = a$ est connue, la hauteur $AC = h$ est connue et le rapport $\dfrac{BC}{CD} = \lambda$ est donné. On veut connaître AD et DB.

On a

$$DB = \left(\frac{1}{\lambda} + 1\right) \cdot CB$$

$$DB^2 = \left(\frac{1}{\lambda} + 1\right)^2 CB^2 = (1 + \lambda)^2 CD^2.$$

On a $GI = AD + DB = a$.

$$(\text{aire } GH = AC^2) \Rightarrow GL = h = LH = AC),$$

(1) $AD^2 = AC^2 + CD^2 = \text{aire } (GH) + \left(\dfrac{DB}{\lambda + 1}\right)^2.$

GI est la somme $AD + DB$. L'auteur indique qu'il faut diviser GI en deux parties qui vérifient (1).

Le texte propose la construction suivante, par application des aires.

On construit une droite GI égale à $AD + DB$, le carré GE sur cette droite et un carré GH égal au carré de AC. Posons $\dfrac{BC}{CD} = \lambda$; on a $BC = \lambda \cdot CD$ et $BD = BC + CD = (1 + \lambda)\,CD$. Par ailleurs,

$$AD^2 = CD^2 + AC^2 = \text{aire } GH + \frac{BD^2}{\left(1 + \lambda\right)^2}.$$

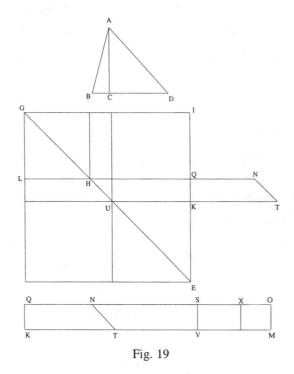

Fig. 19

Supposons K sur IE tel que $AD = IK$ et $KE = BD$; menons par K la parallèle KU à IG . On voit que le gnomon HU est égal à $\dfrac{BD^2}{\left(1+\lambda\right)^2}$ tandis que le carré UE est égal à BD^2 .

Sur le prolongement de LQ , portons $QN = LH$ et traçons NT parallèle à la diagonale GE ; le trapèze $QNTK$ est égal à la moitié du gnomon HU . La condition du problème est donc que le triangle UKE soit égal à $(1 + \lambda)^2 \cdot QNTK$.

Prolongeons QN jusqu'en S tel que $NS = HQ$ et traçons la perpendiculaire SV . Le trapèze $NSVT$ est égal au trapèze $HQUK$, donc le triangle EQH , qui est connu, est égal au trapèze $NSVT$ plus $(1 + \lambda)^2 \cdot QNTK$, c'est-à-dire au rectangle KS plus $(2\lambda + \lambda^2) \cdot QNTK$. Le problème revient à appliquer l'aire EQH sur le segment $QS = LQ = GI$ (connu) avec un excès égal à $(2\lambda + \lambda^2) \cdot QNTK$.

Soit $SX = (2\lambda + \lambda^2) \cdot QN$. On veut appliquer EQH sur QX avec un excès rectangulaire semblable à un rectangle dont le rapport de la base à la hauteur est $\dfrac{2\lambda + \lambda^2}{2} = \lambda + \dfrac{\lambda^2}{2}$. Cette construction détermine le point K qui répond à la question.

Remarques :

1) Le texte est très corrompu et incompréhensible.

2) L'auteur a choisi $\lambda = \dfrac{1}{2}$ de sorte que $SX = \left(1 + \dfrac{1}{4}\right)QN$ et que le rapport des côtés de l'excès soit $\dfrac{1}{2} + \dfrac{1}{8} = \dfrac{5}{8}$.

3) L'équation qui détermine $x = QK$ s'écrit

$$\left(\lambda + \frac{\lambda^2}{2}\right)x^2 + \left(a + \left(2\lambda + \lambda^2\right)c\right)x = \frac{1}{2}\left(a - c\right)^2$$

où $a = AD + DB$ et $c = AC$. Elle exprime que si $AD = IK = c + x$ et $BD = KE = a - c - x$, on a

$$AD^2 = c^2 + \frac{BD^2}{\left(1 + \lambda\right)^2},$$

soit

$$\left(c + x\right)^2 = c^2 + \frac{\left(a - c - x\right)^2}{\left(1 + \lambda\right)^2}.$$

Son discriminant vaut $(1 + \lambda)^2 \left(a^2 + \left(2\lambda + \lambda^2\right)c^2\right)$, donc

$$x = \frac{\left(1 + \lambda\right)\sqrt{a^2 + c^2\left(2\lambda + \lambda^2\right)} - a - c\left(2\lambda + \lambda^2\right)}{2\lambda + \lambda^2}.$$

4) *Discussion* : il faut que $BD = a - c - x > 0$, c'est-à-dire $x < a - c$, ce qui équivaut à l'inégalité :

$$\left(\lambda + \frac{\lambda^2}{2}\right)\left(a - c\right)^2 + \left(a + \left(2\lambda + \lambda^2\right)c\right)\left(a - c\right) - \frac{1}{2}\left(a - c\right)^2 > 0.$$

Le premier membre est égal à $\frac{1}{2}(1+\lambda)^2(a^2-c^2)$, qui est positif car $a>c$.

Il reste à vérifier que $|AD-DB|<AB<AD+DB=a$ pour pouvoir construire le triangle. Or

$$AB^2 = AC^2 + BC^2 = c^2 + \frac{\lambda^2}{(1+\lambda)^2}y^2,$$

si on pose $BD=y=a-c-x$. On vérifie aisément que y est la plus petite racine de l'équation

(*) $\qquad (2\lambda+\lambda^2)y^2 - 2(1+\lambda)^2 ay + (1+\lambda)^2(a^2-c^2) = 0.$

L'inégalité $AB<a$ s'écrit $\dfrac{\lambda^2}{(1+\lambda)^2}y^2 < a^2-c^2$, soit

(**) $\qquad\qquad y < \dfrac{1+\lambda}{\lambda}\sqrt{a^2-c^2}.$

La substitution de cette valeur dans le premier membre donne

$$(2\lambda+\lambda^2)\frac{(1+\lambda)^2}{\lambda^2}(a^2-c^2) - \frac{2(1+\lambda)^3}{\lambda}a\sqrt{a^2-c^2} + (1+\lambda)^2(a^2-c^2) =$$

$$2\sqrt{a^2-c^2}\cdot\frac{(1+\lambda)^3}{\lambda}\left(\sqrt{a^2-c^2}-a\right) < 0$$

ce qui prouve l'inégalité (**).

L'inégalité $|AD-DB|<AB$ s'écrit

$$\left(a-2y\right)^2 < c^2 + \frac{\lambda^2}{(1+\lambda)^2}y^2,$$

car $AD=a-y$ et $BD=y$. Ceci équivaut à :

$$y^2(\lambda+2)(3\lambda+2) - 4(1+\lambda)^2 ay + (1+\lambda)^2(a^2-c^2) < 0,$$

ou, si on tient compte de (*) :

$$\frac{2(1+\lambda)^2}{\lambda}\left(ay(\lambda+2)-\left(a^2-c^2\right)(\lambda+1)\right)<0.$$

On est donc ramené à

(***) $$y<\frac{\lambda+1}{\lambda+2}\frac{a^2-c^2}{a}.$$

Cette valeur reportée dans le premier membre de (*) donne

$$-\lambda\frac{(\lambda+1)^2}{\lambda+2}\frac{a^2-c^2}{a^2}c^2,$$

visiblement négatif, ce qui prouve (***).

5) Le texte comporte des notations erronées et des lacunes.

On n'y trouve pas la définition du point X qui donne la base de l'application des aires. Après avoir dit qu'il l'enlevait, l'auteur n'indique pas dans la suite que la surface KO est privée de $SNTV$. La fin du texte est obscure et fautive, aucune explication n'étant donnée pour montrer que l'évaluation de la surface SM résout le problème.

– **8** – Soit un triangle ABC et un point D sur AC. On veut mener par D une droite qui coupe le prolongement de BC en E et le côté AB en F, de sorte que aire $(CED) = \lambda \cdot$ aire (ADF), où λ est un rapport connu > 1.

On mène DG quelconque sur laquelle on prend M tel que $GM = (\lambda - 1)DG$ et K tel que $\dfrac{MD}{DK} = \dfrac{CD}{DA}$. On mène $MO // AB$ et $KE // AB$. La droite ED coupe AB en F.

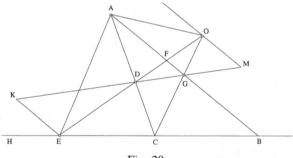

Fig. 20

$$GM = (\lambda - 1)DG \Rightarrow FO = (\lambda - 1)DF$$

$$\frac{MD}{DK} = \frac{CD}{DA} \Rightarrow \frac{OD}{DE} = \frac{CD}{DA},$$

donc les droites OC et AE sont parallèles, donc

$$\text{aire } (AOE) = \text{aire } (ACE).$$

On retranche aire (ADE) commune, il reste

$$\text{aire } (ADO) = \text{aire } (CDE) \text{ ;}$$

or

$$\text{aire } (ADO) = \lambda \cdot \text{aire } (ADF),$$

donc

$$\text{aire } (CDE) = \lambda \cdot \text{aire } (ADF).$$

Remarque : Ce problème de division de figure est analogue au problème 6, avec la différence que les aires dont on a donné le rapport sont ici de part et d'autre du côté qui porte le point D.

– 9 – Soit AD la médiane d'un triangle ABC, H un point quelconque sur AD, E et G sur BC tels que $BE = CG$. La droite HE coupe AB en L et HG coupe AC en I. On veut montrer que

$$\text{aire } (ALH) = \text{aire } (AIH).$$

On mène par H, $MKH \parallel BC$; on a $MH = HK$. On prolonge MK de part et d'autre, $KX = ED$ et $MS = DG$, donc $KX = MS$ et $HX = HS$. On mène $XO \parallel AB$ et $SU \parallel AC$. La droite HE rencontre XO en Q et HG rencontre SU en N.

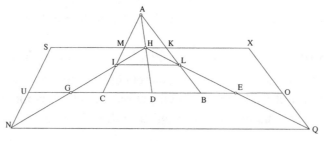

Fig. 21

On a alors

$$\frac{QO}{QX} = \frac{QE}{QH} = \frac{EO}{HX} \text{ et } \frac{NU}{NS} = \frac{NG}{NH} = \frac{UG}{HS}.$$

Or $EO = UG$ et $HX = HS$, on a donc

$$\frac{QO}{QX} = \frac{NU}{NS},$$

et les droites OU et XS sont parallèles, donc $QN \text{ // } OU$. On a $KL \text{ // } QX$, donc

$$\frac{XK}{KH} = \frac{QL}{LH} \ ;$$

de même $MI \text{ // } SN$, d'où

$$\frac{SM}{MH} = \frac{NI}{IH},$$

donc

$$\frac{QL}{LH} = \frac{NI}{IH},$$

donc $LI \text{ // } QN$ et par conséquent, $LI \text{ // } KM$. Les deux triangles KLH et MIH sont donc entre deux parallèles et ont des bases égales MH et HK ; leurs aires sont égales. De plus les triangles AKH et AMH ont même aire.

Conclusion :   aire $(ALH) =$ aire (AIH).

Remarque : Le texte définit Q et N d'une manière erronée : on demande de joindre ME et MG respectivement au lieu de HE et HG.

– **10** – Soit CDI un triangle scalène. On veut le circonscrire par un carré.

On mène $CM \perp DI$ et sur le prolongement de CM on porte H tel que $CH = DI$. On joint DH et on mène $IE \perp DH$; de C on mène $CB \perp IE$ et de D la parallèle à EI qui coupe CB en A. Le quadrilatère $ABED$ est le carré cherché.

Démonstration : On mène $CG \perp DH$. Les triangles CGH et DMH sont rectangles et ont l'angle H commun ; ils sont donc semblables. De même, les triangles DMH et DEI sont rectangles et ont l'angle D commun, ils sont semblables. Par conséquent, les triangles CGH et DEI sont semblables ; or

$CH = DI$, les triangles sont égaux, d'où $CG = DE$. Mais $CG = BE$, donc $DE = BE$ et $ADEB$ est un carré.

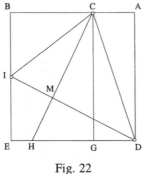

Fig. 22

Remarque sur le texte : Si $CM = \frac{1}{2}DI$, on a $CM = MH$ (puisque $CH = DI$); DI est la médiatrice de CH, donc $DC = DH$.

$$DC > GC \Rightarrow DH > CG.$$

Mais on a $DE = CG$, $DH > DE$, donc le point H est à l'extérieur du carré.

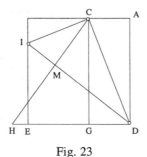

Fig. 23

La construction du carré dont D est un sommet est possible pour tout triangle ABC, contrairement à ce qui est affirmé dans le texte.

– **11** – Inscription d'un carré dans un triangle HBG donné. On mène la hauteur HD et $BA \mathbin{/\!/} HD$ avec $BA = BG$. La droite AD coupe HB en M. On mène $MC \perp BG$, $MF \mathbin{/\!/} BG$ et $FE \mathbin{/\!/} MC$.

$$AB \mathbin{/\!/} MC \Rightarrow \frac{AB}{MC} = \frac{AD}{DM} = \frac{HB}{HM},$$

$$MF \text{ // } BG \implies \frac{HB}{HM} = \frac{BG}{MF},$$

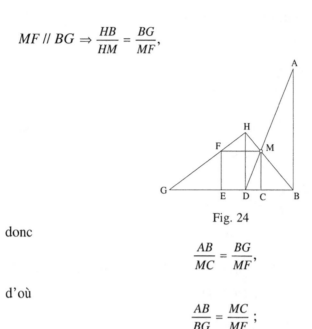

Fig. 24

donc

$$\frac{AB}{MC} = \frac{BG}{MF},$$

d'où

$$\frac{AB}{BG} = \frac{MC}{MF} \ ;$$

or $AB = BG$, donc $MC = MF$. Le rectangle $FMCE$ est un carré.

– **12** – Orthocentre d'un triangle ABC.

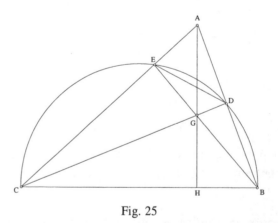

Fig. 25

a) On suppose les angles A, B et C aigus. Les hauteurs BE et CD se coupent en G. On veut montrer que AG est la troisième hauteur. Les angles E et D sont droits, donc le cercle de diamètre BC passe par E et D et de même le cercle de diamètre AG passe par E et D. On a alors

$$C\hat{D}E = C\hat{B}E \text{ et } C\hat{D}E = G\hat{A}E = H\hat{A}E,$$

d'où $H\hat{A}C = C\hat{B}E$; l'angle C est commun aux triangles HAC et CBE, il reste l'angle AHC égal à l'angle CEB qui est droit, donc AH est la troisième hauteur et G est l'orthocentre du triangle.

b) On reprend la même figure, l'angle BGC est obtus ; les hauteurs BE et CD du triangle BGC se coupent en A avec l'angle ABC aigu. Il est clair que GA est la troisième hauteur du triangle BGC. Le point A est l'orthocentre de BGC.

Remarques :

1) Si BAC est rectangle en A, BA et AC sont les hauteurs relatives à AC et AB respectivement. La troisième hauteur est issue de A, A est l'ortho-centre.

2) La démonstration utilise le fait que la somme des trois angles d'un tri-angle est égale à deux angles droits, c'est-à-dire qu'elle repose sur le postulat des parallèles.

– **13** – Soit un triangle BDF de côtés connus. On veut mener une droite HG parallèle à DF telle que $HG = HD + GF$.

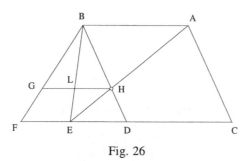

Fig. 26

Soit E sur DF tel que $\dfrac{DE}{EF} = \dfrac{DB}{BF}$; on mène $BA \mathbin{/\!/} DF$ avec $BA = BD$ et de A on mène $AC \mathbin{/\!/} BD$. Le parallélogramme $ABDC$ est un losange car $BA = BD$, donc $AB = AC$.

La droite AE coupe BD en H. On mène de H la droite $HLG \mathbin{/\!/} DF$.

Démonstration : $AB \mathbin{/\!/} LH \Rightarrow \dfrac{AB}{LH} = \dfrac{AE}{EH}$; $AC \mathbin{/\!/} BD \Rightarrow \dfrac{AE}{EH} = \dfrac{AC}{HD}$.

Par conséquent, $\dfrac{AB}{LH} = \dfrac{AC}{HD}$. Or $AB = AC$, donc $LH = HD$.

GH // FD, les divisions H, G, L et D, E, F sont semblables [homothétie $\left(B, \dfrac{BH}{BD}\right)$] ; on a

$$\frac{HL}{LG} = \frac{DE}{EF},$$

donc

$$\frac{HL}{LG} = \frac{DB}{BF}.$$

Or

$$\frac{DB}{BF} = \frac{HD}{GF} \text{ (théorème de Thalès)},$$

donc

$$\frac{HL}{LG} = \frac{HD}{LG} = \frac{HD}{GF},$$

d'où $LG = GF$, et par conséquent $HG = HL + LG = HD + GF$.

• Si on veut $HG = n\,(HD + GF)$, on pose $AB = n \cdot BD$.

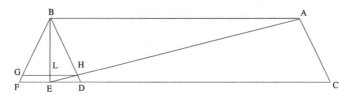

Fig. 27

En raisonnant comme dans le cas précédent, on a

$$\frac{AB}{LH} = \frac{AE}{EH} = \frac{AC}{HD} \,;$$

or $BD = AC$, donc $AB = n \cdot AC$ et, par conséquent, $LH = n \cdot HD$.

On a également

$$\frac{HL}{LG} = \frac{DE}{EF} = \frac{DB}{BF} = \frac{HD}{GF},$$

d'où

$$\frac{HL}{HD} = \frac{LG}{GF} \,;$$

donc $LG = n \cdot GF$ et, par conséquent

$$HG = LH + LG = n(\,HD + GF).$$

– 14 – On veut mener dans un triangle ABC une droite $DE \; /\!/ \; BC$ telle que $DE^2 = BE^2 + CD^2$. On prolonge CA jusqu'au point G tel que $GC^2 = CA^2 + AB^2$. On mène une droite $KH \; /\!/ \; CG$, (K sur BC, H sur BG), avec $KH = KC$. La droite KH coupe AB en E ; on mène par E la parallèle à BC, soit ED. On a donc $KH = ED$ et $EK = DC$.

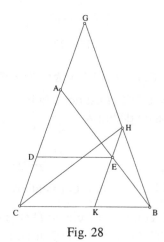

Fig. 28

Dans l'homothétie $\left(B, \dfrac{BE}{BA}\right)$, les points C, A, G, B ont pour homologues respectifs K, E, H, B ; or par hypothèse $GC^2 = CA^2 + AB^2$, donc $KH^2 = KE^2 + EB^2$ et, par conséquent, $ED^2 = CD^2 + EB^2$. CQFD.

• Si on veut $DE^2 = n(BE^2 + CD^2)$, on détermine G sur AC tel que $GC^2 = n(CA^2 + AB^2)$ on détermine le point K et le segment KH comme précédemment. La méthode est ensuite la même.

Remarque : Construction des points G et H

Les longueurs AB, AC, BC sont connues. On veut construire sur AC le point G tel que $CG^2 = AB^2 + AC^2$. La longueur CG est l'hypoténuse d'un triangle rectangle dont les côtés de l'angle droit ont pour longueurs AB et AC. On mène $AB' \perp AC$ avec $AB' = AB$; on a alors $CB'^2 = CA^2 + AB^2$, donc $CB' = CG$.

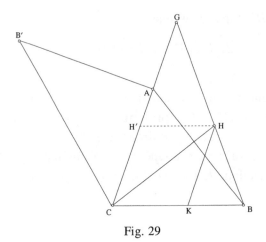

Fig. 29

On veut mener $KH \parallel CG$, avec $KH = KC$. Si $KH \parallel GC$, alors $\hat{H}_1 = \hat{C}_1$ et si $CK = KH$, alors $\hat{H}_1 = \hat{C}_2$; CH est donc la bissectrice de l'angle ACB, ce qui donne le point H ; on en déduit K.

– **15** – \<a\> Dans un cercle ABC de diamètre connu, on suppose BC connue et le rapport $\dfrac{BA}{AC} = k$ connu. On veut connaître AB et AC. La bissectrice de l'angle BAC coupe le cercle en D et la corde BC en E. Le point D est milieu de l'arc BC. On a $BD = DC$ et leur longueur est connue. Le point E est tel que $\dfrac{EB}{EC} = \dfrac{AB}{AC} = k$ et $EB + EC = BC$, donc les longueurs EB et EC sont connues. Le triangle EBD est alors connu, car $E\hat{B}D = C\hat{A}D$, angle connu ; la longueur ED est donc connue.

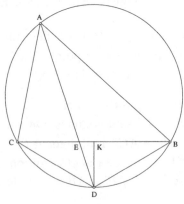

Fig. 30

On a $EB \cdot EC = ED \cdot EA$ (puissance de E), donc EA est connue et AD l'est aussi. En exprimant de deux façons différentes l'aire du triangle ABC, on montre que

$$(AB + AC) \cdot DB = BC \cdot AD,$$

formule qui n'est autre que le théorème de Ptolémée puisque $DB = CD$.

$(AB + AC) \cdot DB$ est donc connu.

On connaît donc la somme et le rapport des deux droites AB et AC, qui sont alors connues. On voit que le problème est un exercice d'application du théorème de Ptolémée ; il en est de même de la deuxième partie.

Remarque : Calcul de l'aire ABC (démonstration du théorème de Ptolémée)

$$\text{aire } (ABC) = \text{aire } (AEB) + \text{aire } (AEC).$$

Les distances du point E aux droites AB et AC sont égales, car E est sur la bissectrice de cet angle ; soit $EH = h$ l'une d'elles et $DI = 2R$ le diamètre ; on a

$$\frac{h}{AE} = \frac{DB}{DI}$$

$$\text{aire } (ABC) \; = \frac{1}{2}(AB + AC) \cdot h$$

$$= \frac{1}{2}(AB + AC) \cdot DB \cdot \frac{AE}{2R} \qquad (1).$$

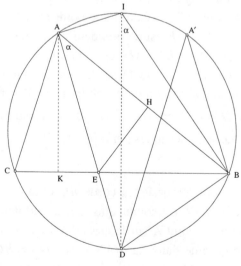

Fig. 31

On a également

$$\text{aire } (ABC) = \frac{1}{2}BC \cdot AK \quad (AK \perp BC)$$

et on a

$$\frac{AK}{AE} = \frac{AD}{DI}.$$

$$AK = \frac{AE \cdot AD}{2R}$$

$$\text{aire } (ABC) = \frac{1}{2}BC \cdot AE \frac{AD}{2R} \qquad\qquad (2).$$

De (1) et (2) on déduit

$$(AB + AC) \cdot DB = BC \cdot AD.$$

DB, BC et AD sont connues, donc la somme $AB + AC$ est connue. Si on pose $AB + AC = l$ et $\frac{AB}{AC} = k$, on a $AC = \frac{l}{1+k}$ et $AB = \frac{kl}{1+k}$.

Une autre solution consiste à considérer le lieu des points A tels que $\frac{AB}{AC} = k$ donné. D'après Apollonius, on sait que c'est un cercle de diamètre EE' où E' est le conjugué harmonique de E par rapport à B et C. Le point A est à l'intersection du cercle donné ABC et de ce cercle d'Apollonius.

<b> Avec la même figure, si les données sont le diamètre du cercle, la droite BC et la somme $AB + AC$, alors le point D et les droites DB et DC sont connus, et l'angle DAB est de grandeur connue. On a comme dans le cas <a> : $(AB + AC)DB = BC \cdot AD$, donc la longueur AD est connue. On détermine alors A comme intersection du cercle donné avec le cercle de centre D et de rayon AD ; il y a deux solutions A, A' symétriques par rapport à DI (sauf si $DA = DI$, cas où $A = A' = I$). Les triangles correspondants ABC, $A'BC$ sont aussi symétriques par rapport à DI.

Remarques :

1) Les données sont le cercle, la corde BC et la somme $AB + AC$. Le point D milieu de l'arc BC est connu, ainsi que les droites BD et DC. Quelle que soit la position du point A sur le cercle, AD est bissectrice de l'angle BAC. On a donc comme dans <a> $(AB + AC) DB = BC \cdot AD$, d'où l'on déduit que la longueur AD est connue. La position du point A sur le cercle

est alors déterminée, les longueurs *AB* et *AC* sont donc connues. En effet, des deux triangles d'angle *BAC* donné et de côtés *AD* et *BD* donnés, un seul est inscrit dans le cercle *ABC*.

2) Ce problème se trouve dans le recueil de problèmes de Thābit ibn Qurra (problème 19)[6].

– 16 – *ABC* triangle donné, *D* donné sur le prolongement de *BC*. On veut mener de *D* une droite *DE* qui coupe *AB* en *E* et *AC* en *G* telle que

$$\text{aire } (DGC) = \text{aire } (AGE).$$

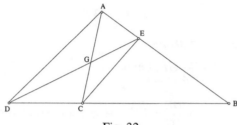

Fig. 32

On mène de *C* la droite *CE*, *CE // AD*. Les triangles *AED* et *ACD* ont des aires égales, ils sont sur la même base *AD* et entre deux parallèles. On leur retranche leur partie commune (*AGD*), il reste alors aire (*AEG*) = aire (*DGC*) ; ce que l'on voulait. Il s'agit d'une application de la proposition 37 du livre I des *Éléments* d'Euclide. Cette proposition est un lemme pour la suivante.

– 17 – Si on veut que aire (*DHC*) = $\lambda \cdot$ aire (*AHE*) où $0 < \lambda < 1$ (le texte prend $\lambda = \dfrac{1}{2}$ et note ici *H* le point *G* du problème précédent), on mène de *C* la droite *CL*, *CL // AD*.

Si on construit une droite issue de *D* qui coupe *AC* en *H*, *CL* en *G* et *AB* en *E*, telle que $HG = \dfrac{\lambda}{1 - \lambda} GE$, alors on aura

$$\text{aire } (DHC) = \text{aire } (AHG) = \lambda \cdot \text{aire } (AHE).$$

[6] Ms. Oxford, Bodleian Library, Thurston n° 3, fol. 135ʳ.

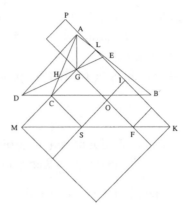

Fig. 33

Construction d'une telle droite :

On suppose $HG = \dfrac{\lambda}{1-\lambda} GE$. On a

$$\frac{DE}{EG} = \frac{DA}{GL} \quad \text{(triangles semblables } ADE, LGE\text{)} ;$$

or $EG = \dfrac{1-\lambda}{\lambda} GH$ et $DE = DG + GE$, donc

$$\frac{AD}{LG} = \frac{DG + GE}{GE} = \frac{DH + \dfrac{1}{\lambda} GH}{\dfrac{1-\lambda}{\lambda} GH} = \frac{\lambda DH + GH}{(1-\lambda)GH}.$$

Mais

$$\frac{DH}{GH} = \frac{AD}{GC} \quad \text{(triangles semblables } ADH, CGH\text{)},$$

d'où

$$\frac{AD}{LG} = \frac{\lambda AD + GC}{(1-\lambda)GC}.$$

On prolonge GC de $CM = \lambda AD$.

$$\lambda AD + GC = MG,$$

d'où

$$\frac{AD}{LG} = \frac{MG}{(1-\lambda)GC},$$

par conséquent

$$(1-\lambda)\,CM \cdot GC = \lambda GM \cdot LG.$$

Cette égalité caractérise la division qu'il faut obtenir sur la droite connue *LM*. (Il reste à déterminer *G* car *L*, *C* et *M* sont connus). En posant $LG = x$, $LC = a$ et $AD = b$, on trouve l'équation $x(a+b) - x^2 = (1-\lambda)ab$.

On construit $LK \perp LM$ avec $LK = LM$ et sur *MK* on prend le point *S* tel que $CS = CM$; on a donc $CS \perp CM$. On mène $SI \mathbin{/\!/} LM$, on a alors $IL = MC$ et $SI = LC$.

ISCL est alors un rectangle

$$\text{aire } (ISCL) = \text{aire } (MI) - \text{aire } (MS) = LC \cdot CM$$
$$\text{rectangle} - \text{carré}.$$

On prolonge *KL* jusqu'en *P* tel que $LP = \dfrac{1-\lambda}{\lambda}LI$ et on applique à *KP* une aire déficiente d'un carré et égale à $\dfrac{1-\lambda}{\lambda}ISCL$. Ainsi

$$\text{aire } PF = \frac{1-\lambda}{\lambda}\text{aire } ISCL$$

soit

$$\text{aire } LF = \frac{1-\lambda}{\lambda}(\text{aire } ISCL - \text{aire } LO) = \frac{1-\lambda}{\lambda}\text{aire } CO$$

ou

$$GM \cdot GL = \frac{1-\lambda}{\lambda}CM \cdot CG,$$

ce qu'on voulait.

On reconnaît encore ici un problème d'algèbre géométrique.

Notons que le discriminant de l'équation est

$$\Delta = (a+b)^2 - 4(1-\lambda)\,ab > (a+b)^2 - 4ab = (a-b)^2 \geq 0,$$

car $\lambda > 0$. Le problème est toujours possible.

– **18** – On veut mener du sommet A d'un parallélogramme $ABDC$ une droite qui coupe CB en H, CD en G et le prolongement de BD en E pour que

$$\text{aire } (CGH) = \text{aire } (EGD).$$

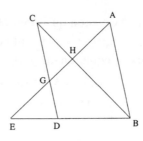

Fig. 34

Si aire (CGH) = aire (EGD), par addition de l'aire $(GHBD)$ à chacune d'elles, on a aire (CDB) = aire (EHB), donc aire (ABC) = aire (EHB).
Mais

$$\frac{\text{aire } (BHE)}{\text{aire } (ABH)} = \frac{EH}{AH} = \frac{BH}{HC} \text{ et } \frac{\text{aire } (ABC)}{\text{aire } (ABH)} = \frac{CB}{BH},$$

donc

$$\frac{BH}{HC} = \frac{CB}{BH},$$

donc

$$BH^2 = BC \cdot CH.$$

Le point H cherché est donc déterminé, la droite AHE répond au problème et donne aire (CGH) = aire (EGD).

Remarques :

1) BC est donné. La construction du point H défini par $H \in [BC]$ et $BH^2 = BC \cdot CH$ est la même que la construction du point C défini dans la proposition 2 par $C \in [BD]$ et $CD^2 = BC \cdot BD$ (voir note 1, page 14).

2) $BH^2 = BC \cdot CH \quad \Leftrightarrow BH^2 = BC(BC - BH)$

$$\Leftrightarrow BH^2 + BC \cdot BH = BC^2.$$

L'inconnue BH est solution de $x^2 + ax = b$ avec $a = BC$, $b = BC^2 = a^2$, équation étudiée dans 4. On a

$$BH = \frac{BC(\sqrt{5}-1)}{2}.$$

3) Si le problème était de construire *AGE* tel que aire *ACH* = aire *EGD*, on aurait eu le lemme d'Archimède pour la construction de l'heptagone. Mais alors il s'agirait d'un problème solide et non plus plan.

– **19** – Soit *AGHB* un parallélogramme donné et *I* un point donné sur le prolongement de *GH*. On veut mener de *I* une droite qui coupe *HB* en *L* et *GA* en *M* telle que

aire (*IMG*) = aire (*ABLM*).

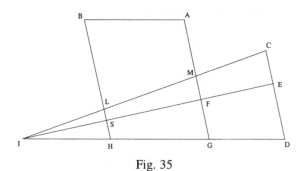

Fig. 35

On mène de *I* une droite quelconque qui coupe *HB* en *S* et *AG* en *F*. On prolonge *IF*, [*E* ∈ [*IF*)]. On construit le triangle *IED* semblable à *IFG* et tel que

(1) aire (*IED*) = aire (*IFG*) + aire (*FGHS*) ⟹ aire (*FGDE*) = aire (*FGHS*).

Sur *DI* on construit le triangle *IDC* (*C* sur le prolongement de *DE*), tel que

(2)   aire (*DCI*) = aire (*AGHB*).

La droite *IC* répond au problème. Elle coupe *AG* en *M* et *HB* en *L* ; de (1) on déduit

(3)   aire (*CDGM*) = aire (*MGHL*),

(2) et (3) $\Rightarrow$ aire (DCI) – aire $(MGDC)$ = aire $(AGHB)$ – aire $(MGHL)$,

donc

$$\text{aire } (IMG) = \text{aire } (ABLM).$$

CQFD.

Remarque sur la construction des points D, E, C : L'auteur n'indique pas comment construire le triangle *IDE*, tel que

(1)   aire $(FGDE)$ = aire $(FGHS)$.

Les triangles *IHS*, *IGF* et *IDE* sont semblables. Posons : aire $(IHS) = \mathscr{S}$ et $\dfrac{IG}{IH} = k$, rapport connu. La position du point D sera déterminée par $\dfrac{ID}{IH} = k'$, où on va déterminer k' pour que (1) soit vérifié.

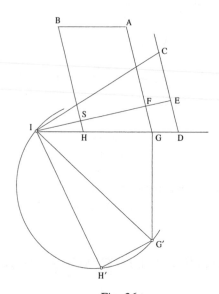

Fig. 36

(1) $\Leftrightarrow$ aire $(EDHS)$ = 2 aire $(FGHS)$ (2)

$$\text{aire } (EDHS) = (k'^2 - 1)\mathscr{S}$$
$$\text{aire } (FGHS) = (k^2 - 1)\,\mathscr{S}$$

(2) $\Leftrightarrow$ $(k'^2 - 1) = 2(k^2 - 1) \Leftrightarrow k'^2 = 2k^2 - 1$ (3)

avec $k = \dfrac{IG}{IH}$ et $k' = \dfrac{ID}{IH}$; donc

$$(3) \Leftrightarrow \qquad ID^2 = 2IG^2 - IH^2.$$

Soit G' tel que $GG' \perp IG$ et $GG' = IG$, on a $IG'^2 = 2IG^2$.

Sur le cercle de diamètre IG', on marque H' tel que $G'H' = IH$, on a alors

$$IH'^2 = IG'^2 - G'H'^2 = 2IG^2 - IH^2,$$

donc $ID = IH'$.

La droite quelconque ISF coupe en E la parallèle à GA menée par D.

Il faut ensuite trouver C sur DE tel que

$$\text{aire } (IDC) = \text{aire } (AGHB) \Leftrightarrow \frac{1}{2}ID \cdot DC = HG \cdot AG$$

$$DC = \frac{2HG \cdot AG}{ID}.$$

Les trois longueurs HG, AG, ID sont connues, donc DC l'est aussi.

Plus généralement, si on veut que aire $(IMG) = \lambda$ aire $(ABLM)$, on fait la même construction en partant de D telle que aire $(FEDG) = \lambda$ aire $(SFGH)$ ou aire $(EDHS) = (\lambda + 1)$ aire $(FGHS)$, c'est-à-dire $k'^2 - 1 = (\lambda + 1)(k^2 - 1)$, $k'^2 = (\lambda + 1)k^2 - \lambda$.

– 20 – Soit le carré $ABDC$ dans lequel on a $GE \, / \! / \, AC$ qui sépare le carré en deux rectangles (AG) et (GB) dont les aires sont connues, chacune étant une fraction connue de l'aire du carré.

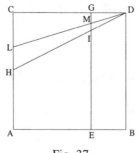

Fig. 37

Pris tel quel, le texte de cette proposition ne permet pas une interprétation cohérente. En effet, l'expression «la moitié des rectangles AG et GB» conduit à une impossibilité puisqu'il s'agit de la moitié du carré $ABCD$ et que, dans ce cas, la proportion

$$\frac{CDL}{GDM} = \frac{\frac{1}{2}(AG + GB)}{GDI} = \frac{CDH}{GDI}$$

signifierait que le triangle CDH est égal à la moitié du carré, c'est-à-dire que H est en A, ce qui est trivial.

Si on corrige le texte en lisant «le rectangle GB» ou bien «le rectangle AG» à la place de l'expression contestée, on arrive à une interprétation satisfaisante.

En effet, la proportion

$$\frac{CDL}{GDM} = \frac{GB}{GDI} = \frac{CDH}{GDI}$$

signifie que $GB = CDH$, c'est-à-dire, si on ôte le triangle GDI, que $IDBE = CGIH$, une des divisions de GB étant égale à une division de AG.

Quant à la proportion

$$\frac{CDL}{GDM} = \frac{AG}{GDI} = \frac{CDH}{GDI},$$

elle signifie que $AG = CDH$ et, si on ôte le trapèze $CGIH$, que $HIEA = GDI$, ce qui est aussi satisfaisant.

L'égalité $CGIH = GDI$ donnerait $CDH = 2GDI$, c'est-à-dire $\frac{CDL}{GDM} = 2$, qui n'est possible que si $\frac{CD}{GD} = k = \sqrt{2}$; le texte prend pour ce rapport la valeur $\frac{8}{3} = 1 + \frac{5}{3}$. Quant à l'égalité $HIEA = IDBE$, elle conduit à $GDI = \frac{k-2}{k(k^2-2)} CD^2$, égalité difficilement conciliable avec le texte. On pourrait enfin tenter des interprétations par égalité de rapports : $\frac{HIEA}{CGIH} = \frac{IDBE}{GDI}$ ou $\frac{GDI}{IDBE}$; la première est visiblement impossible et la seconde conduirait à $GDI = \frac{1}{k(k+2)} CD^2$ qui ne semble pas compatible avec le texte.

– **21** – On considère un quadrilatère *AICL* quelconque et un triangle *B* donné. On veut mener par *A* une droite *AGS*, rencontrant *LC* en *G* et le prolongement de *IC* en *S*, telle que le triangle *GCS* soit équivalent au triangle *B*.

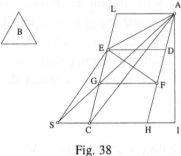

Fig. 38

Supposons le problème résolu. Menons *AH* parallèle à *LC* et *GF* parallèle à *CH*. Soit *DFGE* un parallélogramme, de côté *GF*, équivalent au double du triangle *B*. Le triangle *AGE* est équivalent au triangle *FGE* car *AH* est parallèle à *LC* ; il est donc équivalent à *B*, donc aussi à *GCS*. Ajoutons le triangle *AGC* : le triangle *AEC* est équivalent au triangle *ASC* et il en résulte que *ES* est parallèle à *AC* d'après la réciproque de Euclide, *Éléments*, livre I, prop. 37 (cf. I.39). Ainsi les triangles *ECS* et *AHC* sont semblables et $\dfrac{EC}{CS} = \dfrac{AH}{CH}$ connu. Or le segment *GE* est connu puisque *GF* = *CH* connu et que *DFGE* = 2 aire *B*.

On doit écrire

$$\frac{1}{2}GC \cdot SC \sin E\hat{C}S = \text{aire } B$$

avec

$$GC = EC - EG = \frac{AH}{CH}SC - EG \text{ et } CH \cdot EG \sin E\hat{C}H = 2 \text{ aire } B.$$

Ainsi

$$GC \cdot CH \sin E\hat{C}H = AH \cdot SC \sin E\hat{C}H - 2 \text{ aire } B$$

et, comme $\sin E\hat{C}H = \sin E\hat{C}S$,

$$SC \cdot \left(AH \cdot SC \sin E\hat{C}S - 2 \text{ aire } B \right) = 2CH \cdot \text{aire } B.$$

En posant $SC = x$, $AH \sin E\hat{C}S = \alpha$, $2\text{aire } B = \beta$, on a une équation de degré 2,

$$\alpha x^2 - \beta x = \beta \cdot CH$$

pour déterminer x.

On est donc ramené à l'équation quadratique $x^2 = ax + b$. Notons que c'est l'équation qui ne se ramène pas à une application d'aire, ce qui pourrait expliquer le silence du texte sur la solution. On peut néanmoins aisément en donner une construction géométrique (voir le commentaire des problèmes 41a et 41b). Ce problème conduit donc à une équation non équivalente à une application d'aire.

– **22** – On considère un parallélogramme $ABCD$ partagé en deux autres parallélogrammes par une droite EG parallèle aux côtés AB et CD. On veut mener une droite $AKML$, rencontrant EG en K, DC en M et le prolongement de BC en L, de manière que l'aire du triangle MCL soit égale à l'aire du trapèze $EKMD$.

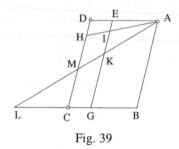

Fig. 39

On trace une droite AIH quelconque, I sur EG, H sur DC, et on pose

$$k^2 = \frac{\text{aire } AHD}{\text{aire } EIHD}.$$

On divise CD en M tel que $\dfrac{DM}{MC} = k$ et on joint AM. On a

$$\frac{\text{aire } AMD}{\text{aire } EKMD} = \frac{\text{aire } AHD}{\text{aire } EIHD} = k^2 \text{ et } \frac{\text{aire } AMD}{\text{aire } MCL} = k^2,$$

d'où aire $EKMD$ = aire MCL.

Tous ces problèmes sont du même type : construction d'une droite passant par un point donné et qui vérifie des conditions d'égalité d'aires découpées par des droites données. Ils sont en général quadratiques ; celui-ci impose seulement de construire une moyenne proportionnelle équivalente à l'extraction de la racine carrée de k^2.

– **23** – On considère un quadrilatère $ABCD$ et une droite LU parallèle à la diagonale BC. On veut mener une droite AFS, coupant LU en M, BC en F et CD en S, telle que $AM = FS$, ou bien que $\dfrac{AM}{FS} = k$, rapport donné (≥ 1).

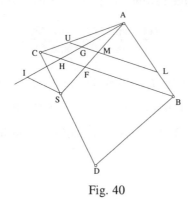

Fig. 40

Supposons $k = 1$. On mène AGH quelconque et on la prolonge jusqu'en I de manière que $HI = AG$. On mène par I la parallèle IS à BC, rencontrant CD en S. La droite AS répond à la question. Pour un rapport k quelconque, il faudrait prendre I tel que $\dfrac{AG}{HI} = k$. Les constructions O, E et K du texte sont inutiles.

– **24** – Il ne s'agit pas d'un problème, mais d'une proposition. Sa démonstration est évidente.

– **25** – On considère un quadrilatère $ABCD$ et une droite EG parallèle à la diagonale BD. On veut mener une droite $ASLI$, S sur EG, L sur DB et I sur DC, telle que le triangle DIL soit égal au triangle AES ou, plus généralement, dans un rapport donné avec ce dernier.

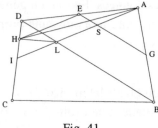

Fig. 41

Supposons le problème résolu. D'après la proposition 24,

$$\frac{DA}{EA} = \frac{\text{aire } LID}{\text{aire } LIH} = \frac{\text{aire } ASE}{\text{aire } LIH},$$

où H est l'intersection de CD avec la parallèle à AI menée par E. Il en résulte que $\dfrac{AS}{IL} = \dfrac{DE}{EA}$, rapport connu. On construit alors la droite AI au moyen du problème 23. Il s'agit donc d'une application de ce dernier problème.

– 26 – On veut déterminer les trois côtés d'un triangle ABC rectangle en B connaissant le périmètre et l'aire.

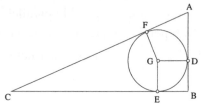

Fig. 42

On sait que le rayon r du cercle inscrit dans le triangle, multiplié par le demi-périmètre, est égal à l'aire du triangle $\dfrac{1}{2} rp = \mathscr{A}$. Ce rayon est donc connu $\left(r = \dfrac{2\mathscr{A}}{p} \right)$. Si D, E, F sont les points de contact du cercle inscrit avec AB, BC et CA respectivement, on a $BD = BE = r$ et $AD = AF$, $CE = CF$. D'où

$$p = AC + AB + BC \text{ et } AC = \frac{p}{2} - r.$$

On a ensuite

$$AB + BC = p - AC = \frac{p}{2} + r \text{ et } AB \cdot BC = 2\mathscr{A},$$

ce qui détermine AB et BC.

Ce problème est identique au problème 12 du recueil de problèmes de Thābit ibn Qurra.

– **27** – Il s'agit de la construction de AB et BC du problème précédent.

– **28** – L'auteur renvoie pour la construction au problème 27, qui est absent du texte. Il est vraisemblable que dans 27 l'auteur avait étudié l'application des aires qui sert à la construction de 28. En effet, posons $AC + CB = EG = a$, $AD = h$ et $\dfrac{DC}{BC} = \lambda$. On a

$$AC^2 = AD^2 + DC^2 = h^2 + \lambda^2 x^2,$$

en posant $BC = x$; comme $AC = a - x$, cela donne

$$ax = \frac{a^2 - h^2}{2} + \frac{1 - \lambda^2}{2} x^2.$$

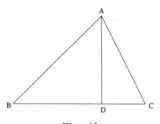

Fig. 43

Le problème revient donc à appliquer à EG une aire égale à $\frac{1}{2}\left(EG^2 - AD^2\right)$, déficiente d'un rectangle dont le rapport des côtés est égal à $\frac{1 - \lambda^2}{2}$. Cette application n'est pas immédiate et la figure compliquée du manuscrit qui devait correspondre au problème 27 s'y rapporte probablement. Le discriminant de l'équation est égal à $\lambda^2 a^2 + \left(1 - \lambda^2\right)h^2$, qui est toujours positif car $\lambda < 1$.

– **29** – On a $AB^2 = AD^2 + BD^2$, $AC^2 = AD^2 + DC^2$, donc

$$\frac{AD^2 + BD^2}{AD^2 + DC^2} = \frac{AB^2}{AC^2} = \lambda^2, \qquad \text{rapport donné.}$$

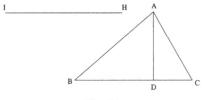

Fig. 44

On doit donc partager le segment $HI = BC = a$ en deux parties x, $a - x$, telles que $\dfrac{h^2 + (a-x)^2}{h^2 + x^2} = \lambda^2$, si on pose $AD = h$. Ce problème est analogue au précédent. Il conduit à l'équation :

$$ax = \frac{(1-\lambda^2)h^2 + a^2}{2} + \frac{1-\lambda^2}{2}x^2 \qquad \text{(on suppose } \lambda < 1\text{),}$$

et on voit qu'il s'agit d'un problème d'application des aires avec un excès de même forme que dans le problème 28. Le discriminant est ici $\lambda^2 a^2 - (1 - \lambda^2)^2 h^2$ et il faut donc que $h \le \dfrac{\lambda}{1 - \lambda^2} a$.

Ce problème est identique au problème 15 du recueil de problèmes de Thābit ibn Qurra.

– **30** – On a $AC^2 = AD^2 + DC^2$ avec $\dfrac{DC}{BC} = \lambda$ connu et $AD = h$ connu. Posons $CB = x$; on a $AC + CB = a$ connu, donc $AC = a - x$ et $(a - x)^2 = h^2 + \lambda^2 x^2$, ou encore $ax = \dfrac{a^2 - h^2}{2} + \dfrac{1 - \lambda^2}{2}x^2$, problème d'application des aires analogue aux précédents. Ce problème est une répétition du problème 28.

– **31** – Ce problème est une répétition du problème 29.

– **32** – Le rectangle $HIEG$ est inscrit dans le quadrant AC d'un cercle connu ; les segments AG et IC sont également connus. On veut connaître le diamètre CD.

Analyse : On a $BA \cdot AG = AH^2$, $AB \cdot CI = CH^2$, d'où $\dfrac{AH^2}{CH^2} = \dfrac{AG}{CI}$, rapport connu.

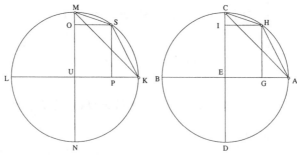

Fig. 45

Synthèse : On trace un cercle *KMLN* de diamètre connu et, sur l'arc *KM*, on construit le point *S* tel que $\dfrac{KS^2}{SM^2} = \dfrac{AG}{CI}$, construction qui se fait par le problème 15.

Comme $\dfrac{KS}{SM} = \dfrac{AH}{CH}$, la figure *UKSM* est semblable à *EAHC* et $\dfrac{KP}{KL} = \dfrac{AG}{AB}$. Comme *KP*, *KL* et *AG* sont connues, *AB* l'est aussi.

– **33** – On considère un triangle quelconque *ABC*. On veut construire une droite *CG*, avec *G* sur *AB*, telle que

$$CG + GB = AC + GA.$$

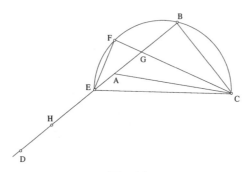

Fig. 46

On prolonge *BA* jusqu'en *D* tel que *AD = AC* et on prend le milieu *E* de *BD* et le cercle circonscrit au triangle *EBC*. Soit *EF* la corde de ce cercle égale à la moitié de *BC*. Les triangles *EFG* et *CBG* sont semblables car

$E\hat{F}G = E\hat{B}C$ (arc capable), donc FG est la moitié de BG et EG est la moitié de GC. Si H est pris sur DE, tel que $DH = BG$, on a

$$EH = ED - DH = EB - BG = EG,$$

donc

$$GH = 2EG = GC$$

et

$$GC + GB = GH + GB = BH = DG = DA + AG = AC + AG.$$

Comme on voulait.

Dans ce problème, on cherche à diviser le triangle ABC en deux triangles AGC et GCB de manière que les sommes des côtés CA, AG et CG, GB de ces triangles soient égales. On y parvient grâce à la propriété de l'arc capable.

– **34** – On veut déterminer un triangle isocèle ABC connaissant les côtés $AB = AC$ et la somme $AD + BC$ de la hauteur AD et de la base BC. On construit HI égal à la donnée $AD + BC = a$ et le cercle de centre I et de rayon $AB = b$. On suppose bien sûr $a \geq b$.

Soit $IM = IH$ porté perpendiculairement à IH et L milieu de IH, supposé extérieur au cercle. On joint LM et on considère les points E et P où cette droite rencontre éventuellement le cercle.

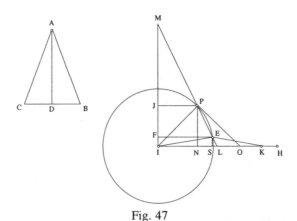

Fig. 47

On projette E en S et P en N sur HI et on porte $HO = 2NL$, $HK = 2LS$. Démontrons que les triangles IEK et IPO répondent à la question. Il s'agit de voir que (1) $EK = EI = PI = PO$ et que (2) $ES + KI = PN + OI = HI$.

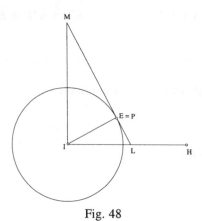

Fig. 48

Les relations (1) sont équivalentes à $SK = SI$ et $NI = NO$. Or $KI = HI - HK = IM - ES$ car, dans le triangle ESL semblable à MIL, on a $ES = 2LS = HK$; ainsi $KI = MF = 2EF$ où F est la projection de E sur MI et on a finalement $KI = 2SI$, ce qui montre que S est le milieu de KI. On démontre de même que N est le milieu de OI.

Pour établir (2) on a $ES + KI = IM = HI$ et de même $PN + OI = IM = HI$.

Discussion : Si L est extérieur au cercle, le problème a deux solutions quand LM coupe le cercle en deux points distincts E et P. Ces deux solutions se confondent en une seule si LM est tangente au cercle. Si LM ne coupe pas le cercle, il n'y a pas de solution.

La condition de contact s'écrit $\dfrac{IE}{IL} = \dfrac{IH}{ML}$ ou encore $\dfrac{AB}{IL} = \dfrac{IH}{ML}$. Notons que si $IH = a$ et $AB = b$, $IL = \dfrac{a}{2}$ et $ML^2 = a^2 + \left(\dfrac{a}{2}\right)^2 = \dfrac{5}{4}a^2$; la condition devient $\dfrac{b}{a} = \dfrac{a}{a\sqrt{5}}$, soit $a = b\sqrt{5}$. La condition « L extérieur au cercle » s'écrit $\dfrac{a}{2} \geq b$, soit $a \geq 2b$.

D'une manière générale, la distance de I à la droite LM est égale à $\dfrac{a}{\sqrt{5}}$, et la condition pour l'existence de solutions est donc $\dfrac{a}{\sqrt{5}} \leq b$, soit $a \leq b\sqrt{5}$.

L'auteur ne signale pas cette condition ; cependant il établit que si $a = b\sqrt{5}$, les deux solutions se confondent.

Explicitons le problème en termes algébriques, en prenant comme inconnue $x = BD = \dfrac{1}{2}BC$. On a $AD = a - 2x$ et $AB^2 = AD^2 + BD^2$ soit

$$b^2 = (a - 2x)^2 + x^2 = a^2 - 4ax + 5x^2.$$

L'inconnue x est déterminée par l'équation

$$5x^2 + a^2 - b^2 = 4ax,$$

de discriminant $5b^2 - a^2$.

Si $a \leq b\sqrt{5}$, on a

$$x = \frac{2a \pm \sqrt{5b^2 - a^2}}{5},$$

donc

$$BC = \frac{4a \pm 2\sqrt{5b^2 - a^2}}{5}, \; AD = \frac{a \mp 2\sqrt{5b^2 - a^2}}{5}.$$

Ces deux valeurs trouvées pour AD sont positives si $a^2 \geq 4(5b^2 - a^2)$, soit $a \geq 2b$, ce qui signifie que L est extérieur au cercle.

Dans le cas contraire, la droite LM rencontre le cercle en un point E au-dessus de IH et en un deuxième point P au-dessous de IH. Seul le point E donne un triangle solution IEK. Pour le triangle IPO, on trouve que

$$OI = HI - HO = HI - 2NL = MI - PN$$

tandis que $2NI = 2JP = MJ = MI + PN$. Ainsi N n'est pas le milieu de OI et le triangle ne convient pas.

On voit ainsi qu'il y a une solution unique si $b \leq a < 2b$, et deux solutions si $2b \leq a \leq b\sqrt{5}$. Si $a = b$, le triangle solution est dégénéré car $x = 0$; si $a = 2b$, l'une des solutions est dégénérée, les trois sommets du triangle étant alignés ; si $a = b\sqrt{5}$, les deux solutions sont confondues. Si enfin $a > b\sqrt{5}$, il n'y a pas de solution.

La discussion de l'auteur est à peine amorcée, puisque seul un cas limite a été signalé. Notons que ce cas est caractérisé par le contact des deux lignes qui servent à construire la solution ; cette idée sera exploitée par la suite dans la discussion des problèmes où la construction se fait à l'aide de deux coniques (al-Qūhī, Ibn al-Haytham, Sharaf al-Dīn al-Ṭūsī en particulier).

– **35** – On considère dans un cercle $ABCDE$ le côté AB d'un hexagone régulier inscrit et le côté DE d'un pentagone régulier inscrit. On joint EA et on prolonge BA d'un segment AG égal au côté du décagone régulier inscrit. D'après Euclide, *Éléments*, XIII.9, on sait que A divise BG en extrême et moyenne raison, c'est-à-dire que $BG \cdot GA = AB^2$. D'après Euclide, *Éléments*, XIII.10 on sait aussi que $GA^2 + AB^2 = DE^2$. Enfin $BD^2 = 3AB^2$ puisque BD est le côté du triangle équilatéral inscrit. Ainsi

$$BD^2 = AB^2 + 2BG \cdot GA = AB^2 + 2AB \cdot GA + 2GA^2 = BG^2 + GA^2.$$

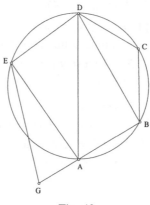

Fig. 49

On a ensuite

$$DA^2 = BD^2 + AB^2 = BG^2 + GA^2 + AB^2 = DE^2 + EA^2,$$

d'où $BG^2 = EA^2$ et $BG = EA$, corde des $\dfrac{3}{10}$ du cercle. Cette corde est donc divisée en extrême et moyenne raison, par le côté de l'hexagone.

Ce théorème concerne les relations entre les côtés des polygones réguliers inscrits dans un cercle. Partant des propositions d'Euclide, on démontre que la corde des $\dfrac{3}{10}$ du cercle (côté d'un décagone étoilé) est divisée en extrême et moyenne raison par le côté de l'hexagone, et que, par conséquent, le rapport de la corde des $\dfrac{2}{5}$ (côté du pentagone étoilé) à la corde du cinquième (côté du pentagone convexe) est égal au rapport du côté de l'hexagone au côté du décagone.

– **36** – Cette proposition comprend deux autres démonstrations de la proposition 35 : la somme de la corde d'un hexagone régulier et de la corde d'un décagone régulier inscrits dans un même cercle est égale à la corde des trois dixièmes de ce cercle.

Dans la première de ces deux démonstrations, due probablement à Naṣīr al-Dīn al-Ṭūsī, on considère un demi-décagone régulier *CDELHF* et on remarque que *EF*, corde des trois dixièmes, est parallèle à *AD*, et que *DH*, qui est aussi une corde des trois dixièmes, est parallèle à *CF*. Ces deux cordes se rencontrent en *G* sur le rayon *AL* et la proposition sera établie si on démontre que *GF* est égal au rayon *AD* du cercle, c'est-à-dire au côté de l'hexagone régulier ; et que *EG* est égal au côté *ED* du décagone régulier. Or *FGDA* est un parallélogramme, donc *GF* est égal à *AD* ; on note d'ailleurs que *AF = AD*, donc *FGDA* est un losange et *DG* est aussi égal au rayon du cercle. Par ailleurs $E\hat{G}D = D\hat{A}C = E\hat{F}C$, angle inscrit sous-tendant deux dixièmes du cercle, et $E\hat{D}G$ est aussi un angle inscrit sous-tendant deux dixièmes. Donc $E\hat{G}D = E\hat{D}G$, et *EG = ED*, comme on voulait. Notons que *DG = AF* et *GH = EG = ED*, côté du décagone ; la corde *DH* des trois dixièmes est la somme de *DG* et *GH*, respectivement égaux aux côtés de l'hexagone et du décagone.

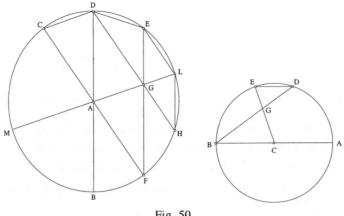

Fig. 50

Les triangles *HLG* et *FGA* sont semblables, donc

$$\frac{HG}{GL} = \frac{FA}{AG},$$

soit $HG \cdot AG = FA \cdot GL = AL \cdot GL$. Comme $HG = EL = CD = AG$ (parallélogrammes), $HG \cdot AG$ est le carré de AG et le point G divise AL en extrême et moyenne raison. Il en résulte immédiatement que A divise en extrême et moyenne raison le segment GM, où M est la deuxième extrémité du diamètre LA.

La seconde démonstration est due à al-'Urḍī. Elle est beaucoup plus simple et élégante. On considère un cercle de diamètre AB, de centre C et les points D, E du même côté de AB tels que $\widehat{AD} = \widehat{BE} = \frac{1}{5}$ de cercle. Ainsi $\widehat{DE} = \frac{1}{10}$ de cercle et DE est parallèle à AB. On joint BD et CE, qui se coupent en G. Les triangles DGE et BGC sont semblables. L'angle externe $A\hat{C}G$ est égal à $A\hat{B}G + B\hat{G}C$ et $A\hat{B}G$, angle inscrit sous-tendant $\frac{2}{10}$ de cercle, est égal à l'angle au centre qui sous-tend $\frac{1}{10}$. Or l'angle au centre $A\hat{C}G$ sous-tend $\frac{3}{10}$ de cercle ; il en résulte que $C\hat{G}B$ est égal à l'angle au centre qui sous-tend $\frac{2}{10}$ de cercle, c'est-à-dire à $G\hat{C}B$. Le triangle BGC est donc isocèle et $BG = BC$, rayon du cercle ou côté de l'hexagone régulier. Le triangle DGE, semblable à BGC, est aussi isocèle et $GD = ED$, côté du décagone régulier. La corde BD de $\frac{3}{10}$ de cercle est donc égale à la somme $BG + GD$ des côtés de l'hexagone et du décagone.

Remarque : Pour expliciter la déduction de la valeur du rapport du côté du premier n-gone étoilé c_n' au côté du n-gone convexe dans les deux propositions précédentes c_n, rappelons les résultats établis dans les *Éléments* :

(1) $c_{10} \cdot (c_6 + c_{10}) = c_6^2$ et $c_{10}^2 + c_6^2 = c_5^2$.

Or Na'im montre $c_6 + c_{10} = c_{10}'$ dans la proposition 35, de sorte que $c_{10} \cdot c_{10}' = c_6^2$.

On retrouve dans la proposition 36 deux démonstrations de ce résultat.

Dans la proposition 35, l'égalité $BD^2 = BG^2 + GA^2$ donne $c_3^2 = c_{10}^2 + c_{10}'^2$ et $DA^2 = DE^2 + EA^2$ donne

(2) $c_5^2 + c_{10}'^2 = 4c_6^2$.

L'égalité (1) permet d'écrire $\dfrac{c'_{10}}{c_6} = \dfrac{c_6}{c_{10}}$.

L'égalité $\dfrac{c'_5}{c_5} = \dfrac{c_6}{c_{10}}$ mentionnée auparavant peut se montrer ainsi :

Si on trace dans la figure 50 les cordes CE et CB, on a $CE = c_5$ et $CB = c'_5$. Or le triangle ECB est isocèle et semblable au triangle CAD dans lequel $CA = c_6$ et $CD = c_{10}$, donc on a

$$\frac{CD}{CA} = \frac{CE}{CB} \text{ et } \frac{c_{10}}{c_6} = \frac{c_5}{c'_5}.$$

On a à partir du triangle DCB de la figure 50 : $DC^2 + CB^2 = DB^2$, ce qui donne $c_{10}^2 + c_5'^2 = 4c_6^2$, d'où on déduit à l'aide de (2) $c_{10}^2 + c_5'^2 = c_5^2 + c_{10}'^2$.

– **37** et **38** – Il s'agit de deux problèmes de division d'un segment, qui sont ramenés à des applications d'aires avec excès carrés.

Le premier problème consiste à diviser $AB = a$ en deux parties $a - x$ et x telles que $a \cdot k\,(a - x) = x^2$, où k est un entier donné. Il est donc équivalent à l'équation $x^2 + akx = ka^2$; ou, si on pose $ak = b$, à l'équation $x^2 + bx = ab$. Le deuxième problème consiste à diviser $AC = a$ en deux parties $a - x$ et x telles que $kx^2 + ax = a^2$, ou, si on pose $b = \dfrac{a}{k}$, $x^2 + bx = ab$. On remarque que c'est la même équation que dans le problème précédent ; mais cette fois on a divisé le segment donné par k au lieu de le multiplier par k.

– **39** – On veut diviser $AB = a$ en deux parties x et $a - x$ telles que

$$a \cdot \lambda(a - x) + M = \lambda x^2 + R$$

où λ est un entier donné et M et R sont des aires données. Si $M = R$ l'équation devient $a\,(a - x) = x^2$ et il s'agit de la division en extrême et moyenne raison.

Sinon, soit $K = \dfrac{M - R}{\lambda}$. L'équation est

$$a\,(a - x) + K = x^2 \text{ ou } x^2 + ax = a^2 + K.$$

Si K est positif, c'est-à-dire si $M > R$, on construit géométriquement la solution en appliquant l'aire $a^2 + K$ à AB avec un excès carré. On doit imposer $M \le R + \lambda a^2$ pour que $x \le a$.

Si K est négatif mais $a^2 + K \geq 0$, on doit appliquer $a^2 - |K|$ de la même façon.

L'auteur explique la construction en supposant que $\lambda = 1$. Dans le cas où $R > M$, il ne signale pas qu'on doit imposer que $R \leq a^2 + M$, ou, plus généralement, $R \leq \lambda a^2 + M$, c'est-à-dire $a^2 + K \geq 0$; dans le cas contraire, l'équation en x n'a pas de racine positive. Le problème n'est donc possible que si $|M - R| \leq \lambda a^2$.

– **39 bis** – Ce problème est identique au problème 37. On en donne ici une solution différente, sans application des aires : on se ramène à construire un triangle semblable à un triangle donné et d'aire égale à une aire donnée (celle d'un trapèze).

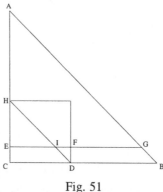

Fig. 51

On prolonge CD d'une longueur $DB = \dfrac{k}{2} \, CD$ et on trace BA parallèle à la diagonale DH du carré construit sur CD. Soit AEG le triangle semblable à ACB et d'aire égale à celle du trapèze $BDHA$. En soustrayant $AGIH$, on trouve que l'aire du triangle HEI est égale à celle du parallélogramme $BGID$, c'est-à-dire à celle du rectangle $DB \cdot FD = \dfrac{k}{2} CD \cdot FD = \dfrac{k}{2} EF \cdot IF$.

On a donc $\dfrac{1}{2} EI^2 = \dfrac{k}{2} EF \cdot IF$, soit $EI^2 = EF \cdot kIF$, comme on voulait. La construction s'applique pour toute valeur de k.

On voit que l'auteur a tenu à donner une construction géométrique sans l'aide de l'application des aires.

– **40** – Dans ce problème on considère une droite $DC = a$ et une aire c. On cherche à diviser DC en un point U tel que CU^2 soit égal au double produit de DC par UD augmenté de l'aire c ; en posant $CU = x$, on trouve l'équation quadratique $x^2 = 2a(a - x) + c$ qui donne $x = \sqrt{3a^2 + c} - a$, solution acceptable si $x < a$, c'est-à-dire si $c < a^2$. Comme dans le problème 39, la construction géométrique est ramenée à construire un triangle AEF semblable à un triangle donné ABC (rectangle isocèle) et d'aire donnée égale à la somme des aires du trapèze $ABDH$ et du triangle HKL, soit

$$3a\frac{\sqrt{2}}{2} \cdot a\frac{\sqrt{2}}{2} + \frac{c}{2} = \frac{1}{2}\left(3a^2 + c\right).$$

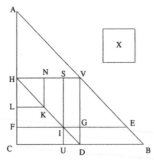

Fig. 52

On construit donc la parallèle AB à DH passant par le sommet V du carré DH, puis le triangle AEF (le texte ne précise pas que AB est parallèle à DH ni qu'il passe par le sommet V, mais la figure le met en évidence). On retranche de AEF le trapèze $AEIH$ et le triangle HKL ; il reste le trapèze $LKIF$. Comme l'aire de AEF est égale à la somme de celles de $ABDH$ et de HKL, on voit que $LKIF$ a une aire égale à celle du parallélogramme $IEBD$ obtenu si on retranche $AEIH$ de $ABDH$. Or ce parallélogramme est équivalent au rectangle $FGDC$. Ainsi $LKIF$ et $FGDC$ ont la même aire et, en doublant, on trouve que le gnomon $LKNSIF$ est équivalent au double de $FGDC$, soit au double produit de CD par GD.

Notons que l'équivalence du trapèze $LKIF$, d'aire $\dfrac{x^2 - c}{2}$, et du rectangle $FGDC$, d'aire $a(a - x)$, s'écrit $\dfrac{x^2 - c}{2} = a(a - x)$, ce qui revient à l'équation trouvée plus haut. De plus le côté FE du triangle AEF est égal à $\sqrt{3a^2 + c}$, et on trouve bien $FI = FE - IE = \sqrt{3a^2 + c} - a$.

Enfin, le raisonnement suppose le carré *NL* contenu dans le triangle *AEF*, c'est-à-dire $x = HF \geq \sqrt{c} = HL$, ou encore $c \leq a^2$, condition qui est équivalente à $x \leq a$, comme on l'a vu plus haut.

– **41a et 41b** – Les deux problèmes ont le même énoncé. Dans 41a on trouve l'amorce d'une solution inachevée, probablement par construction d'un triangle rectangle isocèle d'aire donnée par une méthode analogue à celle du problème 40. Dans 41b, au contraire, la solution est construite par application d'aire avec défaut.

On veut diviser $CD = a$ en deux parties x et $a - x$ telles que $x^2 + c = 2a(a - x) + b$ où b et c sont des aires données. La solution de cette équation est $x = \sqrt{3a^2 + b - c} - a$; elle n'est réelle que si $c < 3a^2 + b$ et elle n'est comprise entre 0 et a que si $b - a^2 < c < 2a^2 + b$. Si $b < a^2$, ce que l'auteur suppose dans 41b, ces conditions se réduisent donc à $c < 2a^2 + b$.

On peut tenter une reconstruction de la méthode en utilisant un triangle d'aire et de forme données de la manière suivante :

On construit le carré *CA* de côté *CD* et la parallèle *LM* à la diagonale *CA* passant par le sommet *B* du carré. Sur la diagonale *CA* on construit les carrés *EG* et *E'G'* d'aires respectives *H* et *I*. On construit le triangle *LNP* semblable à *LDM* et tel que son aire augmentée de l'aire du triangle *AK'G'* soit égale à la somme des aires du trapèze *LMCA* et du triangle *AKG*.

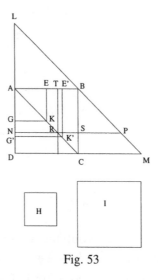

Fig. 53

On ôte du triangle *LNP* le trapèze *LPRA* et le triangle *AKG* ; il reste le trapèze *KRNG*. Ce trapèze, augmenté de l'aire du triangle *AK'G'*, est équivalent au parallélogramme *RPCM*, lui-même équivalent au rectangle *NSCD*.

En doublant, on trouve que l'aire du gnomon *NKT*, augmentée de l'aire du carré *E'G'*, est égale au double produit de *CD* par *CS*. Ainsi, si on ajoute le carré *EG*, la somme de l'aire du carré *ATRN* et de l'aire *I* est égale à la somme du double produit de *CD* par *CS* et de l'aire *H* (égale à celle du carré *EG*). Ce qu'on voulait.

La solution de 41b correspond à la résolution de l'équation en $y = a - x$. Cette équation s'écrit $(a - y)^2 + c = 2ay + b$, soit $y^2 + a^2 + c = 4ay + b$, ou encore $(y - 2a)^2 = 3a^2 + b - c$, d'où $y = 2a - \sqrt{3a^2 + b - c}$. Cette équation s'interprète comme l'application de l'aire $a^2 - b + c$ le long de $4a = LC$, avec un défaut carré.

Le gnomon *BOD* est équivalent à la somme des rectangles *BT* et *TP*, ou encore au rectangle *OM*. Puisque *OL* est équivalent à la somme de l'aire du gnomon *BGKEDC* $(= a^2 - b)$ et de la surface *I*, on voit que le rectangle *UL* est équivalent à la somme de l'aire du gnomon *VPK* et de la surface *I*. Or le rectangle *UL* est égal au rectangle *SM*. En ajoutant le carré *GE*, on trouve que le carré *VP* plus la surface *I* est équivalent au rectangle *SM* plus la surface *H*, c'est-à-dire au double produit de *CD* par *CS* plus la surface *H*. Ce qu'on voulait.

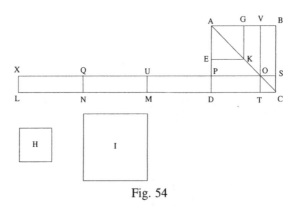

Fig. 54

L'auteur considère aussi le problème correspondant à l'équation $(a - y)^2 + c = ay + b$, soit $3ay = a^2 - b + c + y^2$. On construit cette équation en appliquant l'aire $a^2 - b + c$ à $3a$, avec un défaut carré. Plus généralement, si on veut que le carré de l'une des parties augmenté d'une aire donnée soit dans un rapport quelconque donné avec la somme du produit de la droite par l'autre partie et une autre aire donnée, l'équation s'écrit $(a - y)^2 + c = \lambda(ay + b)$, soit $(\lambda + 2)ay = a^2 - \lambda b + c + y^2$, et on la construit en appliquant au segment $(\lambda + 2)a$ l'aire $a^2 - \lambda b + c$, avec un défaut carré.

L'auteur applique donc deux méthodes à la construction des problèmes plans soulevés par la division d'une droite en deux parties avec une condition relative à une égalité entre deux aires. Il explique dès le départ l'interprétation géométrique par application des aires de deux des types canoniques d'équations quadratiques. L'une des méthodes en découle directement, c'est-à-dire l'application des aires. La deuxième méthode, par construction d'un triangle rectangle isocèle (ce qui ne diminue en rien la généralité) d'aire donnée, n'est pas moins générale. Elle revient à construire un carré d'aire donnée, c'est-à-dire à construire la racine carrée du discriminant de l'équation quadratique.

Considérons en effet l'équation $z^2 + pz = q$, de discriminant $\left(\dfrac{p}{2}\right)^2 + q$; sa racine positive $z = \sqrt{\left(\dfrac{p}{2}\right)^2 + q} - \dfrac{p}{2}$ peut se construire ainsi : on construit un triangle rectangle isocèle de côté p, soit ABC, avec G milieu de AB, et le triangle semblable AEF d'aire $\dfrac{1}{2}\left(\left(\dfrac{p}{2}\right)^2 + q\right)$. Si $x = AE$ est le côté de ce triangle, on a $z = AE - AG = GE = EH$.

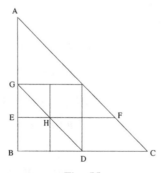

Fig. 55

Pour l'équation $z^2 = pz + q$, qui ne s'interprète pas par l'application, comme le savait bien l'auteur, on a une construction analogue pour la racine

$z = \sqrt{\left(\dfrac{p}{2}\right)^2 + q} \; + \dfrac{p}{2}$. On construit le triangle rectangle isocèle GEF d'aire

$\dfrac{1}{2}\left(\left(\dfrac{p}{2}\right)^2 + q\right)$ et $z = GE + AG = AE$.

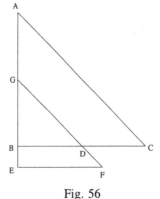

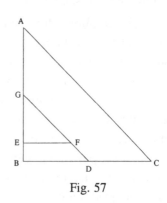

Fig. 56   Fig. 57

Considérons enfin l'équation $z^2 + q = pz$, de discriminant $\left(\dfrac{p}{2}\right)^2 - q$; ses

racines ne sont réelles que si $q \leq \left(\dfrac{p}{2}\right)^2$, ce que nous supposons. On construit

le triangle rectangle isocèle GEF d'aire $\dfrac{1}{2}\left(\left(\dfrac{p}{2}\right)^2 - q\right)$; les deux racines sont

AE et BE.

– **41c** – L'équation s'écrit $x^2 + I = x(a - x) + H$ où $a = AB = FC$ et $x = FV = AT$. Ainsi $2x^2 + I = ax + H$.

Le discriminant est $a^2 - 8(I - H)$ et les racines ne sont réelles que si $I - H \leq \dfrac{a^2}{8}$. Lorsque $H \geq I$ cette condition est vérifiée et une seule racine est positive ; pour qu'elle soit inférieure à a, on doit imposer que $H - I \leq a^2$. Lorsque $H < I \leq H + \dfrac{a^2}{8}$, il y a deux racines entre 0 et a et le problème a donc deux solutions.

On construit le carré $ABCF$ sur $AB = a$ et on prolonge CF jusqu'en L tel que $FL = \dfrac{1}{2}CF$. On construit le carré $AGKE$ d'aire H et on applique à CL une aire égale à la somme de l'aire du trapèze $CKEF$ et de $\dfrac{1}{2}I$ avec un défaut carré SV. Soit VJ cette aire et soit $CQ = 2VJ$, de sorte que

$FN = 2FV$. On a $C\dot{Q}$ = gnomon $BKF + I$ et $CQ - BO - OF$ = gnomon $TKP + I + SV$; soit $FQ - BO$ = gnomon $TKP + I$.

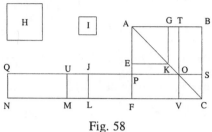

Fig. 58

Soit M le milieu de FN et MU perpendiculaire à FN ; l'aire $BO = TS$ est égale à $VP = MQ$. Ainsi $VP = FU$ = gnomon $TKF + I$ et $VP + H$ = carré $OA + I$. Ce qu'on voulait.

– **42** – *Commentaire – paraphrase*

On veut diviser la droite BD en deux parties BK, KD de manière que $nBK \cdot KD + I^2$ soit égal à $KD^2 + U^2$ où I et U sont des droites données et n est un entier donné ≥ 2, pris égal à 3 dans le texte. On prolonge BD jusqu'en P tel que $DP = \dfrac{n}{2}BD$ et on prend N sur DP tel que $DN = BD$. On construit le carré BC de côté BD et on joint CB, CN, CP. On construit sur la diagonale CB les carrés CG et CE d'aires respectives I^2 et U^2 ; ainsi $CH = I$ et $CF = U$. On applique à PB une aire $LSPJ$ égale à la somme du trapèze $GHDB$ et du triangle CEF et déficiente d'un rectangle BL tel que $\dfrac{BS}{SL} = \dfrac{n+1}{2}$. Le côté JL prolongé coupe la diagonale CB en I' qui se projette en K sur BD. Il s'agit de voir que K est le point de division cherché.

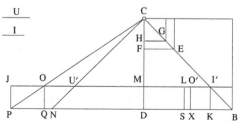

Fig. 59

Le rectangle $I'S$ est égal à $\frac{n+1}{2} - 1 = \frac{n-1}{2}$ fois le carré BI' et le rectangle

$OQPJ$ est égal à $\frac{n}{2}$ fois ce carré (soit $\frac{n}{n-1}$ fois le rectangle $I'S$), car

$PQ = \frac{n}{2} OQ$ (triangles semblables CDP et OQP).

Sur KD, on porte $KX = \frac{n}{4} BK$ et on élève XO' perpendiculaire à BD.
L'aire $I'LSK$ est égale à la somme de l'aire du triangle OJP et de l'aire XL,

car $OJP = \frac{n}{4} BI' = I'O'XK$, et XL est l'excédent de l'aire $U'ONP$ sur

$\frac{n-2}{2} I'KDM$ car $U'ONP = \frac{n-2}{2} U'NDM$ puisque $NP = \frac{n-2}{2} DN$ (et

$U'NDM - I'KDM$ = triangle $I'KB$ tandis que $XL = \frac{n-2}{4} BK^2$); il en résulte
que

$$LSPJ = I'KPO - XL = I'KNU' + \frac{n-2}{2} I'KDM = GHDB + CEF$$

puisque $\frac{n-2}{2} I'KDM + LSXO' = U'ONP$.

En enlevant $NM = I'BDM$, on a

$$I'KDM + \frac{n-2}{2} I'KDM = GHMI' + CEF.$$

En ajoutant le triangle GCH, on a

$$\frac{n}{2} I'KDM + CGH = CI'M + CEF$$

(et en doublant : $n\,BK \cdot KD + I^2 = DK^2 + U^2$).

Étude algébrique :
   Posons $BK = x$, $BD = a$, on a

$$nx(a - x) + I^2 = (a - x)^2 + U^2,$$

$$(n+1)x^2 - (n+2)ax + a^2 + U^2 - I^2 = 0$$

$$\Delta = (n+2)^2 a^2 - 4(n+1)(a^2 + U^2 - I^2) = n^2 a^2 - 4(n+1)(U^2 - I^2).$$

Le problème n'est possible que si $U^2 - I^2 \leq \dfrac{n^2 a^2}{4(n+1)}$. La somme des racines

$\dfrac{n+2}{n+1}a$ est positive et leur moyenne $\dfrac{n+2}{2n+2}a$ est $< a$.

Pour $x = a$, le premier membre de l'équation vaut

$$(n+1)a^2 - (n+2)a^2 + a^2 + U^2 - I^2 = U^2 - I^2$$

et pour $x = 0$ il vaut $a^2 + U^2 - I^2$.

Si $a^2 + U^2 - I^2 < 0$, soit $I^2 - U^2 > a^2$, les deux racines sont de signes contraires et a est compris entre elles : le problème n'a pas de solution car une racine est négative et l'autre est plus grande que a.

Si $I^2 - U^2 \leq a^2$, les deux racines sont ≥ 0. Pour $I \geq U$, a est compris entre elles et le problème a une solution unique. Pour $I < U$, les deux racines sont comprises entre 0 et a et le problème a deux solutions.

Résumé :

$I^2 - U^2 > a^2$, pas de solution ; de même pour $U^2 - I^2 > \dfrac{n^2 a^2}{4(n+1)}$;

$0 \leq I^2 - U^2 \leq a^2$, une solution unique $\left(\leq \dfrac{a}{n+1} \right)$;

$0 < U^2 - I^2 \leq \dfrac{n^2 a^2}{4(n+1)}$, deux solutions (entre $\dfrac{a}{n+1}$ et $\dfrac{n+2}{2n+2}a$ et entre

$\dfrac{n+2}{2n+2}a$ et a).

Remarque sur la construction : elle suppose $I \leq a$ puisqu'on fait intervenir le gnomon *GHDB*. Le premier membre de l'équation vaut $U^2 - nI(a - I)$ pour $x = a - I$; la considération du gnomon *GHMI'* exige que $x \leq a - I$. Si $U^2 \leq nI(a - I)$, seule la plus petite racine convient. Si au contraire $U^2 > nI(a - I)$, $a - I$ est extérieur aux racines et, pour qu'il soit plus grand, il faut et il suffit que $\dfrac{n+2}{2n+2}a \leq a - I$, soit $I \leq \dfrac{n}{2(n+1)}a$.

Conditions :

$$\begin{cases} I \leq a \text{ et } U^2 \leq nI(a - I) \text{ une seule solution} \\ I \leq \dfrac{n}{2(n+1)}a \text{ et } nI(a - I) < U^2 \leq I^2 + \dfrac{n^2 a^2}{4(n+1)} \text{ deux solutions } \dfrac{n}{2n+2}a < I \leq a \end{cases}$$

La construction ne se fait pas comme dans le texte.

Ajouts au texte de Na'īm

Le carré de *AB* est égal au carré de *BC* plus le gnomon *GDABHE* ; si on lui ajoute le carré de *AC* on trouve le carré de *BC* plus deux fois le rectangle *GDAC*. Or ce rectangle est équivalent au carré de *BC* puisque $\dfrac{AB}{BC} = \dfrac{BC}{AC}$ et que le rectangle $AB \cdot AC$ est égal à *GDAC*.

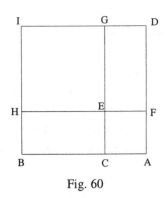

Fig. 60

On démontre l'énoncé en notant que

$$\frac{AB}{BC} = \frac{BC}{AC} = \frac{AB + BC}{AB},$$

donc $AB \cdot BC = AC \cdot (AB + BC)$.

Ajoutons AC^2 :

$$AB \cdot BC + AC^2 = AC \cdot (AB + BC + AC) = 2AB \cdot AC = 2BC^2.$$

Or

$$AB^2 = AB \cdot BC + AB \cdot AC,$$

d'où

$$AB^2 + AC^2 = 3BC^2.$$

TEXTE ET TRADUCTION

Livre de Naʿīm ibn Muḥammad ibn Mūsā
sur les propositions géométriques

Kitāb Naʿīm ibn Muḥammad ibn Mūsā
fī al-ashkāl al-handasiyya

Voici des propositions géométriques du livre de
Na'ïm ibn Muḥammad ibn Mūsā l'Astronome

Je les ai transcrits à partir d'une copie d'une extrême altération ; j'ai corrigé ce que j'en ai compris, et, ce que je n'ai pas compris, je l'ai transcrit tel quel, avec l'altération, comme c'était dans la copie. Dieu est l'Aide.

– 1 – Soit un quadrilatère *ABCD* de côtés connus dont les deux angles *ABC* et *DCB* sont égaux. Nous menons la perpendiculaire *AG* ; qu'elle soit connue. Nous voulons connaître les deux diagonales du quadrilatère.

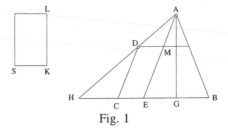

Fig. 1

Menons *AE* parallèle à *DC*, prolongeons *AD* et *EC* jusqu'à ce qu'elles se rencontrent en *H* et menons *DM* parallèle à la droite *BCH* ; elle sera égale à *EC*. Mais étant donné que *AB* est égale à *AE* et que *ME* est égale à *DC*, alors *AM* et *ME* seront connues [123ʳ] et le rapport de *AM* à *ME* est égal au rapport de *AD* à *DH* ; mais *AD* est connue, donc *DH* est connue et le carré de *AH* qui est connu est égal à la somme des carrés de *AG* et *GH* ; bien plus il est égal à la somme des carrés de *AE* et *EH* et du double produit de *GE* par *EH*, c'est-à-dire au carré de *AE* plus le produit de *BH* par *HE*. Mais le carré de *AE* est connu ; il reste le produit de *BH* par *HE*, connu, et *BH* sera connue. Que le rapport de *EH* à *CH*, qui est connu – étant donné qu'il est égal au rapport de *AH* à *DH* – soit le rapport de un à deux. Construisons la surface *LKS* à angles droits de sorte que *LK* soit <une fois et> demie *KS*. Si nous appliquons à la droite *BC*, connue, la surface de *BH* par *HE*, qui est connue, excédant d'une surface semblable à la surface *LKS*, sous la condition que *CH* engendrée <par l'application> soit l'homologue de *KS*, alors *CH* sera connue et *BH* tout entière sera connue. Nous connaîtrons après cela les deux diagonales du quadrilatère. Ce que nous voulions.

قدّس الله روحه

هذه مسائل هندسية من كتاب نعيم بن محمد بن موسى المنجم

نقلتها من نسخة في غاية الفساد، أصلحت ما فهمت منها، ونقلت ما لم

5   أفهم على الوجه الفاسد كما كان في النسخة، والله المستعان.

ᴬ – آ – إذا كان مربع آ ب جـ د معلوم الأضلاع، وزاويتا آ ب جـ د جـ ب
متساويتين؛ ونخرج عمود آ ز، وليكن معلومًا؛ وأردنا أن نعلم قطري المربع.

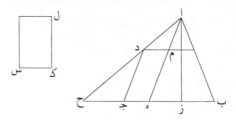

ولنخرج آ ه موازيًا لـ د جـ، ونخرج آ د ه جـ إلى أن يلتقيا على حـ، ونخرج
د م موازيًا لخط ب جـ حـ، فيكون مثل ه جـ. ولكون آ ب مثل آ ه وم ه مثل
10   د جـ، يكون آ م م ه معلومين/ ونسبةُ آ م إلى م ه كنسبة آ د إلى د حـ؛ وآ د
معلومٌ، فـ د حـ معلوم ومربع آ حـ المعلوم مثل مربعي آ ز ز حـ، بل مثل مربعي آ ه
ه حـ وسطح ز ه في ه حـ ⟨مرتين⟩، أعني مربع آ ه وسطح ب حـ في حـ ه. ومربع
آ ه معلوم، يبقى سطح ب حـ في حـ ه معلومًا، وكان ب حـ معلومًا. ولتكن نسبة
ه حـ إلى جـ حـ المعلومة – لكونها مساوية لنسبة آ حـ إلى د حـ – نسبةَ الواحد
15   إلى الاثنين. ونعمل سطح لـ كـ س قائمَ الزوايا، على أن لـ كـ نصف كـ س. فإذا
أضفنا إلى خط ب جـ المعلوم سطحَ ب حـ في حـ ه المعلوم زائدًا على تمامه سطحًا
شبيهًا بسطح لـ كـ س، على أن جـ حـ الحادث يكون نظير كـ س، يكون جـ حـ
معلومًا وجميعُ ب حـ معلومًا. ونعلم بعد ذلك قطري المربع؛ وذلك ما أردناه.

6 إذا: هنا متجردة عن الشرط، وهذا جائز، انظر عباس حسن، النحو الواضح، جـ ٤، ص. ٤٤١؛
ولن نشير إلى مثلها فيما بعد – 7 متساويتين: متساويتان – 12 ز ه: ب آ ه – 14 حـ/ جـ حـ؛ ه ه حـ/ آ حـ:
آ د – 15 نصف: الصواب مرة ونصف، وآثرنا ترك النص كما هو.

– 2 – Nous voulons construire un triangle rectangle tel que le rapport de son côté le plus court à son côté moyen soit égal au rapport de son côté moyen à son côté le plus long.

Supposons une droite comme la droite *BD* et traçons sur elle un demi-cercle *BAD* ; divisons la droite *<BD>* en *C* en extrême et moyenne raison[1] ; menons la perpendiculaire *CA* et joignons *AB* ; le produit de *DB* par *BC* est égal au carré de *CD* ; bien plus, il est égal au carré de *AB* ; mais le rapport de *BC* à *CA* est égal au rapport de *CA* à *CD*, c'est-à-dire *AB*. Ce que nous voulions.

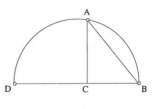

Fig. 2

– 3 – Soit un triangle *ABC* dans lequel se trouve la droite *AD* quelconque et sur *AD* un point comme *E* ; nous voulons faire passer par ce point une droite qui aboutit à *AB* et à *AC* telle que ce qui se trouve entre *AB* et *AD* soit le double ou le triple ou un quelconque multiple[2] de ce qui se trouve entre *AD* et *AC* ; qu'elle soit par exemple son double.

Nous marquons sur *AB* un point *I* quelconque, et nous menons *IF* parallèle à *AD* ; nous posons *FD* le double de *DL* [et nous joignons *ISL*, alors *IS* sera le double de *SL*]. Nous menons *LK* parallèle à *AD*, nous joignons *IK* ; on a *IO* égale au double de *OK* ; nous menons par *E* une droite parallèle [123ᵛ] à la droite *IK* jusqu'à ce qu'elle tombe sur les deux côtés aux points *G* et *H*, on aura *GE* double de *EH*. Ce que nous voulions.

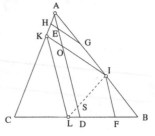

Fig. 3

– 4 – Si on a un *c*arré[3] *(māl)* plus un nombre de racines égal à un nombre connu, nous posons le *c*arré, le carré *ABCD*, et nous appliquons à son côté *CD* une surface égale au nombre des racines, soit la surface *CDE* ; *CE* sera le nombre des racines qui est connu et la surface *AE* tout entière est connue, c'est la somme du *c*arré et des racines qui est égale au nombre connu.

Si nous appliquons la surface connue à *CE* connue de sorte qu'elle l'excède d'un carré, le carré excédent sera le *c*arré.

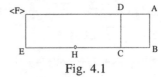

Fig. 4.1

---

[1] Division *B, C, D* telle que $\dfrac{BC}{CD} = \dfrac{CD}{BD}$; l'auteur suppose connue la construction de *C* (Euclide, II.17).

[2] Litt. : Le rapport que nous voulons. Il n'utilise pas cette expression dans la suite.

[3] Le *c*arré (première lettre en italique) rend le terme *māl*, qui est le carré de l'inconnue.

– ٢ – نريد أن نعمل مثلثًا قائم الزاوية تكون نسبة أقصر أضلاعه [إلى
أضلاعه] إلى أوسطها كنسبة أوسطها إلى أطولها.

فلنفرض خطًا مستقيمًا كخط ب د ونرسم
عليه نصف دائرة ب ا د، ونقسم الخط على جـ على

5 ⟨نسبة⟩ ذات وسط وطرفين، ونخرج عمود جـ ا
ونصل ا ب؛ فسطح د ب في ب جـ مثل مربع
جـ د، بل مثل مربع ا ب؛ ونسبة ب جـ إلى جـ ا
كنسبة جـ ا إلى جـ د، أعني ا ب؛ وذلك ما أردناه.

– ٣ – إذا كان مثلث ا ب جـ فيه خط ا د كيف وقع وعلى ا د نقطة مثل

10 هـ؛ ونريد أن نجيز عليها خطًا ينتهي إلى ا ب ا جـ، ويكون ما يقع بين ا ب ا د
مثلي ما يقع بين ا د ا جـ أو ثلاثة أمثاله أو أي نسبة شئنا، وليكن مثلاً مثليه.

وتتعلم على ا ب نقطة طـ كيف وقعت،
ونخرج طـ و موازيًا لـ ا د، ونجعل و د مثلي د ل،
ونصل طـ س ل، فيكون طـ س مثلي س ل. ونخرج

15 ل كـ موازيًا لـ ا د، ونصل طـ كـ، فيكون طـ ع مثلي
ع كـ؛ ونخرج من هـ خطًا موازيًا / لخط طـ كـ إلى
أن يقع على الضلعين على نقطتي ز ح، فيكون ز هـ
مثلي هـ ح؛ وذلك ما أردناه.

– ٤ – إذا كان مال وعدة أجذار يعدل عددًا معلومًا، جعلنا المال مربع

20 ا ب جـ د، ونضيف إلى ضلع جـ د منه سطحًا يساوي عدة الأجذار، وهو سطح
جـ د هـ؛ فـ جـ هـ عدة الأجذار وهي معلومة، وجميع سطح ا هـ معلوم، وهو
مجموع المال والأجذار المساوي للعدد المعلوم.

وإذا أضفنا السطح المعلوم إلى جـ هـ المعلوم
بحيث يزيد على تمامه مربعًا، يكون المربع الزائد

25 هو المال.

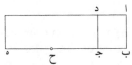

---

11 أي نسبة شئنا: لا يأخذ بمثل هذه العبارة فيما بعد، بل يقول «أي قدر» / مثليه: مثلاه – 15
مثلي: مثل.

Et de cela on peut donner une autre[4] démonstration : on partage *CE* en *H*, donc *CE*, connue, a été partagée en deux moitiés en *H* ; on lui a ajouté *CB*, donc *EB* par *BC*, connu, plus le carré de *CH*, connu, est égal au carré de *BH* ; il est donc connu et *BH* est connue ; mais *CH* est connue, donc *BC* est connue et c'est la racine.

Il y a de cela une troisième démonstration. Soit *AB* la moitié du nombre des racines, qui est connu ; nous traçons sur elle le carré *ABCD*, nous construisons ensuite une surface semblable au carré mentionné et égale à ce carré plus le nombre connu, soit *SD* ; sa racine *HD* est donc connue et *CD* est connue ; *CH* qui reste est donc connue et elle est la racine, car le gnomon est égal au *c*arré plus les racines et les deux compléments sont les racines, car ils sont le produit du nombre des racines par la racine.

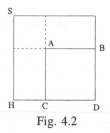

Fig. 4.2

<**4'**> Si on dit : un *c*arré plus un nombre connu est égal à un tel nombre des racines du *c*arré, nous posons le *c*arré, la surface *MLCE*. Nous appliquons à l'un de ses côtés, soit *CE*, une surface égale au nombre qui a été mentionné avec le *c*arré, soit *ECAB*. La droite *AL* est donc connue en raison de l'égalité du nombre d'unités qu'elle comprend et du nombre de racines égales au *c*arré plus le nombre.

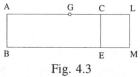

Fig. 4.3

Nous appliquons à la droite *AL* une surface déficiente d'un carré et telle que ce qui est appliqué soit égal au nombre mentionné avec le *c*arré. Le carré déficient est donc le *c*arré.

Il y a de cela une autre démonstration. Nous partageons *AL* en deux moitiés [124ʳ] en *G* ; mais elle a été partagée en deux parties inégales en *C*, tel que le produit de *AC* par *CL* soit la surface *AE* connue ; nous la retranchons du carré de la droite connue <*GL*>, il reste le carré de *CG* connu et sa racine qui est *CG* est connue, donc *LC* qui reste est la racine du *c*arré.

---

[4] Voir commentaire.

وله برهان آخر: يُنصف جـ ه على ح، فـ جـ ه المعلوم نُصف على ح؛ وزيد
فيه جـ ب، فـ ه ب في ب جـ المعلوم مع مربع جـ ح المعلوم يساوي مربع ب ح،
فهو معلوم وب ح معلوم؛ وجـ ح معلوم، فـ ب جـ معلوم، وهو الجذر.

وله برهان ثالث: ليكن اب نصف عدة الأجذار، وهو معلوم؛ ونرسم عليه
5 مربع ا ب جـ د، ثم نعمل سطحاً يشبه المربع المذكور ويساوي ⟨المربع و⟩العدد
المعلوم، وهو س د؛ فجذره ح د معلوم وجـ د معلوم، فـ جـ ح الباقي معلوم،
وهو الجذر لأن العَلَم يساوي المال مع الأجذار، والمتممان هما الأجذار، لأنهما
سطح عدة الأجذار في الجذر.

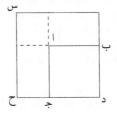

وإذا قيل: مال وعدد معلوم يعدل كذا جذراً من أجذار المال، نجعل المال
10 سطح م ل جـ ه. ونضيف إلى أحد أضلاعه، وهو جـ ه، سطحاً مساوياً للعدد
المذكور مع المال، وليكن ه جـ اب. فخط ال معلوم لتساوي عدة ما فيه عدة
الأجذار المعادلة للمال ⟨وللعدد⟩.

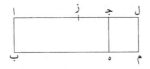

فنضيف إلى خط ال سطحاً ينقص عن تمامه مربعاً ويكون المضاف مساوياً
للعدد المذكور مع المال، فيكون المربع الناقص هو المال.

15 وله برهان آخر: ننصف ال/ على ز؛ وقد انقسم بمختلفتين على جـ، ١٢٤و
فضرب اجـ في جـ ل هو سطح ا ه ⟨وهو⟩ معلوم؛ ألقيناه من مربع الخط المعلوم،
بقي مربع جـ ز معلوماً، وجذره وهو جـ ز ⟨وهو⟩ معلوم، فـ ل جـ الباقي جذر
المال.

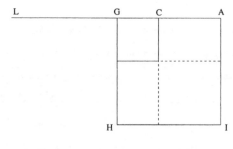

Fig. 4.4

Il y a de cela une troisième démonstration. Nous partageons le nombre des racines en deux moitiés et nous posons *HG* telle que le nombre d'unités qu'elle contient soit égal à la moitié du nombre des racines ; nous construisons le carré de *HG*, connu, et nous retranchons du carré de *HG*, qui est connu, le nombre connu mentionné avec le carré. Nous construisons avec ce qui reste un carré semblable au carré de *HG*, qui est connu. Mais la droite *AG* est connue, donc la droite *AC* est connue et c'est la racine du carré.

– **5** – Le triangle *BED* est rectangle en *E*. De *E* on mène la perpendiculaire *EC* à *BD* ; on mène des points *B* et *D* deux droites *BH* et *DH* dont chacune est égale à *ED* et on mène *CH*. Je dis qu'elle est égale à *CD*.

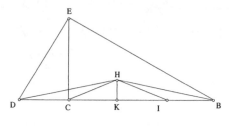

Fig. 5

Démonstration : Nous menons la perpendiculaire *HK* et nous séparons *IK* égale à *KC* ; il reste donc *BI* égale à *CD* ; mais le carré de *DE* est égal au produit de *BD* par *DC*, donc le carré de *DH* est égal au <produit> de *BD* par *DC* ; bien plus le carré de *DE* est égal au carré de *CD* plus le produit de *BC* par *CD*. Puisque l'angle *DCH* est obtus[5], le carré de *DH* est égal au carré de *CD* plus le carré de *CH* plus le produit de *IC* par *CD*, c'est-à-dire égal au carré de *CH* plus le produit de *BC* par *CD*. Nous retranchons le produit de *BC* par *CD* commun, il reste le carré de *CD* égal au carré de *CH*, donc *CH* est égale à *CD*. Ce que nous voulions.

[5] Ce qui suppose *ED* < *EB*.

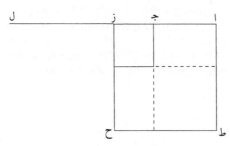

وله برهان ثالث: ننصف عدة الأجذار ونجعل ح‌ز ما فيه من العدد مثل عدة نصف الأجذار، ونعمل مربع ح‌ز المعلوم، وننقص من مربع ح‌ز المعلوم العددَ المعلوم المذكور مع المال. ونعمل مما يبقى مربعًا شبيهًا بمربع ح‌ز، وهو معلوم. وخط آ‌ز معلوم، فخط آ‌جـ معلوم وهو جذر المال.

<٥> مثلث ب‌ه‌د قائم زاوية ه؛ وأخرج منها عمود ه‌جـ على ب‌د، وأخرج من نقطتي ب‌د خطا ب‌ح‌د‌ح، يساوي كل واحد منهما ه‌د، وأخرج جـ‌ح؛ أقول: إنه مثل جـ‌د.

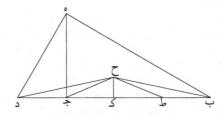

برهانه: نخرج عمود ح‌ك، <و>نفصل ط‌ك مثل ك‌جـ، فيبقى ب‌ط مثل جـ‌د؛ ومربع د‌ه مثل سطح ب‌د في د‌جـ، فمربع د‌ح مثل ب‌د في د‌جـ، بل <مربع د‌ه> مثل مربع جـ‌د وسطح ب‌جـ في جـ‌د. ولأن زاوية د‌جـ‌ح منفرجة، يكون مربع د‌ح مثل مربع جـ‌د ومربع جـ‌ح وسطح ط‌جـ في جـ‌د، أعني مثل مربع جـ‌ح وسطح ب‌جـ في جـ‌د. ونلقي سطح ب‌جـ في جـ‌د المشترك، يبقى مربع جـ‌د مثل مربع جـ‌ح، فـ جـ‌ح مثل جـ‌د؛ وذلك ما أردناه.

---

1 ح‌ز: حـ‌د – 2 ح‌ز (الأولى والثانية): حـ‌ر – 3 ح‌ز: حـ‌ر – 4 آ‌جـ: آ‌ه – 8 فيبقى: ويبقى – 10 مثل: ب‌ل.

– 6 – On a mené dans le triangle *ABC* le côté *BC* dans la direction de *K*; on a marqué sur le côté *AB* un point *D* quelconque. Nous voulons mener de celui-ci une droite qui aboutit à *BCK* de sorte que le triangle engendré par elle sur la droite *BCK* soit égal au triangle séparé qui reste du triangle *ABC*, ou son double, ou un multiple quelconque connu que nous voulons.

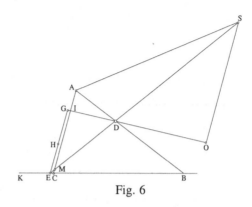

Fig. 6

Qu'il soit d'abord son double. Menons dans le triangle *ABC* du point *D* une droite quelconque *DI*; [124ᵛ] nous la prolongeons jusqu'en *O*, nous posons *DO* le double de *DI*, nous prolongeons *ODI* dans la direction de *G*, nous posons le rapport de *OD* à *DG* égal au rapport de *BD* à *DA* et nous faisons passer par les points *O* et *G* deux droites *OS* et *HG* parallèles au côté *AC*. Nous prolongeons *HG* jusqu'à ce qu'elle rencontre *BC* en *E*, nous prolongeons *ED* jusqu'à ce qu'elle rencontre *OS* en *S* et nous joignons *SA*. Il est clair que *SD* est à *DM* selon le rapport de *OD* à *DI*; on a alors *SD* double de *DM* et le triangle *SAD* est le double du triangle *ADM*. Mais le triangle *SDA* est égal au triangle *BDE*, car le rapport de *SD* à *DE*, qui est égal au rapport de *OD* à *DG*, est égal au rapport de *BD* à *DA* d'après l'hypothèse[6] et l'angle *SDA* est égal à l'angle *BDE*, donc le triangle *BDE* est le double du triangle *ADM*. Ce que nous voulions.

– 7[7] – *ABD* est un triangle dans lequel la somme des côtés *AD* et *DB* est connue. On mène la perpendiculaire *AC*, qui est connue et est telle que le rapport de *BC* à *CD* est connu. Nous voulons connaître chacune des droites *AD* et *DB*.

---

[6] L'expression *'alā al-takāfu'* est rendue ici par « hypothèse ». Cette expression a le sens « d'inversement proportionnel » dans d'autres textes (voir al-Khayyām, *Risāla fī al-jabr wa-al-muqābala*, dans R. Rashed et B. Vahabzadeh, *Al-Khayyām mathématicien*, Paris, Librairie Blanchard, 1999, p. 183, 6).

[7] Le copiste a écrit en face de ce problème : « Je n'ai vu ici que cet énoncé et cette figure, je n'ai rien compris de celle-ci, et je l'ai copié ainsi ». Il a transcrit deux fois la figure, à quelques variantes près.

– ٦ – مثلث ا ب جـ أخرج ضلع ب جـ في جهة كـ، وأعلم على ضلع ا ب نقطة د كيف وقعت؛ ونريد أن نخرج منها خطًا ينتهي إلى ب جـ كـ حتى يكون المثلث الحادث منه على خط ب جـ كـ مثل المثلث المفصول الباقي من مثلث ا ب جـ أو مثليه أو أي قدر معلوم أردنا منه.

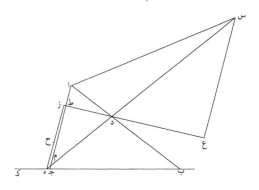

5   فليكن أولاً مثليه، ولنخرج في مثلث ا ب جـ من نقطة د خط د طـ كيف / وقع، ونخرجه إلى عـ، ونجعل د عـ مثلي د طـ، ونخرج عـ د طـ في جهة ز، ونجعل ١٢٤ظ– نسبة عـ د إلى د ز كنسبة ب د إلى د ا، ونجيز على نقطتي عـ ز خطي عـ س حـ ز موازيين لضلع ا جـ. ونخرج حـ ز إلى أن يلقى ب جـ على ه، ونخرج ه د إلى أن يلقى عـ س على س ونصل س ا. فبيّنُ أن س د د م على نسبة عـ د 10   د طـ، فيكون س د م مثلي د م ومثلث س ا د مثلي مثلث ا د م. لكن مثلث س د ا مثل مثلث ب د ه، لأن نسبة س د إلى د ه، التي هي كنسبة عـ د إلى د ز، كنسبة ب د إلى د ا بالتكافؤ، وزاوية س د ا مثل زاوية ب د ه، فإن مثلث ب د ه مثلا مثلث ا د م؛ وذلك ما أردناه.

– ٧ – مثلث ا ب د فيه ضلعا ا د د ب مجموعين معلومين؛ وقد أخرج فيه 15   عمود ا جـ، وهو معلوم، وصُير نسبة ب جـ إلى جـ د معلومة؛ ونريد أن نعلم كلَّ واحد من خطي ا د د ب.

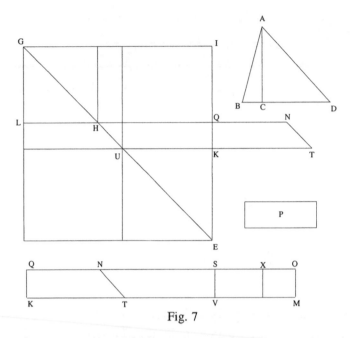

Fig. 7

Nous traçons pour cela une droite GI et nous la faisons égale à la somme des deux droites AD et DB ; nous construisons sur elle un carré GE et nous menons sa diagonale GE. Nous construisons un carré GH égal au carré de AC. Que dans ce problème CD soit le double de CB, alors le carré de BD est la somme du double du carré de DC et du quart du carré de DC. Mais la droite GI est égale à la somme des deux droites AD et DB. Si donc nous divisons GI en deux parties telles que le carré de l'une des deux parties soit égal au carré GH plus le carré des deux tiers de l'autre partie, alors nous aurons construit ce que nous voulions.

Démonstration : Nous menons LH jusqu'en Q, nous posons QN égale à LH et nous menons NT parallèle à la diagonale EG. Nous posons NS égale à HQ et nous menons la perpendiculaire SV. Nous posons la surface P de longueur égale aux huit cinquièmes de sa largeur. Nous appliquons à QX[8] une surface QT plus TO excédant de la surface XM telle que XM soit semblable à la surface P et que la surface appliquée soit égale au triangle EHQ.

Si nous posons cela et si nous retranchons la surface $SNTV$ qui est égale à $HUQK$, il reste la surface KO moins la surface $SNTV$ égale au triangle EUK ; et le double de KO moins la surface $SNTV$ est égal au carré de EK.

---

[8] Le point X est construit tel que $SX = \frac{5}{4}QN = \frac{5}{4}LH$, ce qui est omis dans le texte.

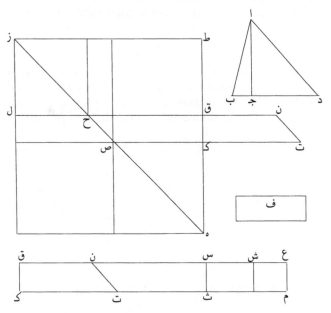

فنخط لذلك خط ز ط، ونجعله مثل خطي آ د د ب مجموعين، ونعمل عليه
مربع ز ه، ونخرج قطر ز ه، ونعمل مربع ز ح مثل مربع آ ج. وليكن في هذه
المسألة جـ د مثلي جـ ب، فمربع ب د مثلا مربع د جـ ومثل ربع مربع د جـ
جميعًا. وخط ز ط مثل خطي آ د د ب مجموعين. فإذا قسمنا ز ط بقسمين
5   حتى يكون مربع أحد القسمين مثل مربع ز ح ومثل مربعي ثلثي القسم الآخر،
فقد عملنا ما أردنا.

برهانه: نخرج لـ ح إلى قـ، [ونجعل ح قـ مثل لـ ح ح سـ] ونجعل قـ نـ مثل
لـ ح، ونخرج نـ ت يوازي قطر ه زـ، ونجعل نـ سـ مثل ح قـ، ونخرج سـ ث على
زاوية قائمة. ونجعل سطح فـ طوله مثل ثمانية أخماس عرضه. ونضيف إلى
10   قـ شـ سطحًا ⟨مثل⟩ قـ ت مع ت عـ يزيد على تمامه سطح شـ مـ، ويكون شـ مـ
شبيهًا بسطح فـ، ويكون المضاف مساويًا لمثلث ح قـ.

فإذا جعلنا ذلك، وألقينا سطح سـ نـ ت ثـ، الذي هو مثل ح صـ قـ كـ،
يبقى سطح كـ عـ ⟨منقوصًا منه سطح سـ نـ ت ثـ⟩ مثل مثلث ه صـ كـ،
وضعف كـ عـ ⟨منقوصًا منه سطح سـ نـ ت ثـ⟩ يعدل مربع ه كـ.

---

1 ز طـ: رـ من ز طـ – 4 د بـ: حـ بـ – 8 يوازي: موازي / سـ ثـ: سـ تـ – 9 ثمانية أخماس: وتر
– 10 قـ شـ: حـ شـ / قـ تـ: قـ صـ – 14 يعدل: معدل.

Mais la droite *QN* est égale à *LH*; *HS* est égale au double de *NS* et la surface *SM* est égale aux <cinq quarts> du quadrilatère *QNTK*; ce que nous voulions.

– **8** – Le triangle *ABC* est connu et sur *AC* il y a un point *D*. On a prolongé *BC* jusqu'en *H*. Nous voulons mener du point *D* une droite qui aboutit aux deux droites *AB* et *BC* pour que le triangle qui est entre *AC* et *CH* soit le double, par exemple, du triangle séparé du triangle *ABC*.

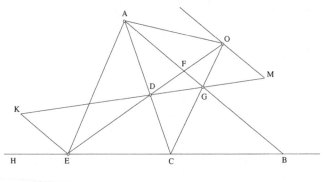

Fig. 8

Nous faisons passer par le point *D* une droite *DG* quelconque, nous la prolongeons jusqu'en *M*, nous posons *DG* égale à *MG*, nous faisons passer par <le point> *M* une droite *MO* parallèle à *AB*, nous posons le rapport de *MD* à *DK* égal au rapport de *CD* à *DA*, nous faisons passer par <le point> *K* une droite *KE* parallèle à *AB* et nous menons du point *E* la droite *EDFO*; la droite *FO* est donc égale à *FD*. Mais le rapport de *CD* à *DA*, qui est égal au rapport de *MD* à *DK* [125ʳ] par hypothèse, est égal au rapport de *OD* à *DE*. Nous joignons *OC* et *AE*; elles seront parallèles. Nous joignons *AO*. Le triangle *ADO* est donc égal au triangle *CDE*[9]. Mais le triangle *AOD* est le double du triangle *AFD*, donc le triangle *CDE* est le double du triangle *AFD*. Ce que nous voulions.

– **9** – Soit un triangle *ABC*, dont *BC* a été partagée en deux moitiés en *D*; on mène *AD*, on marque sur elle <le point> *H* et on prolonge *BC* de part et d'autre; on en sépare *BE* et *CG* égales. On mène *HLE* et *HIG*. Je dis que les deux triangles *ALH* et *AIH* sont égaux.

Démonstration: Nous faisons passer par *H* la droite *KHM* parallèle à *BC*; *KH* est donc égale à *HM*, car *BD* est égale à *CD*, et les deux triangles *AKH* et *AMH* sont égaux. Nous prolongeons *KM* de part et d'autre et nous séparons *KX* et *MS* égales à *ED* et *DG*, qui sont égales. Nous menons des

[9] Voir commentaire.

وخط ق ن مثل ل ح، ‹و›ح س مثل ‹ضعف ن س› [ومثل ث ن ل ح]
وسطح س م مثل ‹خمسة أرباع› مربع ق ن ت ك؛ وذلك ما أردناه.

٨ – مثلث ا ب ج معلوم وعلى ا ج نقطة د، وقد أخرج ب ج إلى ح؛
ونريد أن نخرج من نقطة د خطًا ينتهي إلى خطي ا ب ج حتى يكون
٥ المثلث الذي فيما بين ا ج ح مثلي المثلث الذي قطعه من مثلث ا ب ج مثلاً.

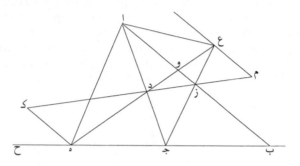

فنجيز على نقطة د خط د ز كيف وقع، ونخرجه إلى م، ونجعل د ز مثل
م ز ونجيز على م خط م ع يوازي ا ب، ونجعل نسبة م د إلى د ك كنسبة ج د
إلى د ا، ونجيز على ك خط ك ه يوازي ا ب، ونخرج من نقطة ه خط ه د و ع؛
فخط و ع مثل و د. ونسبة ج د إلى د ا، التي هي كنسبة م د إلى د ك،
١٠ تكون كنسبة ع د إلى د ه على التكافؤ، ونصل ع ج ا ه، فيكونان متوازيين، ١٢٥-و
ونصل ا ع. فمثلث ا د ع مثل مثلث ج د ه. ومثلث ا ع د مثلا مثلث ا و د،
فمثلث ج د ه مثلا مثلث ا و د؛ وذلك ما أردناه.

٩ – مثلث ا ب ج نُصف ب ج منه على د، وأخرج ا د وأعلِم عليه ح
وأخرج ب ج في الجانبين، وفُصِل منه ب ه ج ز متساويين، وأخرج ح ل ه
١٥ ح ط ز؛ أقول: فمثلثا ا ل ح ا ط ح متساويان.
برهانه: نجيز على ح خط ك ح م موازيًا ل ب ج؛ ف ك ح يساوي ح م لأن
ب د مساوٍ ل ج د، ومثلثا ا ك ح ا م ح متساويان. ونخرج ك م في الجهتين
ونفصل ك ش م س مساويين ل ه د د ز المتساويين. ونخرج من نقطتي ش س

١ ق ن: ه س – ٢ ق ن ت ك: و س، ونجد تحتها «وت ن» – ٦ م؛ م ل – ١٧ ج د: ر د.

points X et S deux droites parallèles aux droites AB et AC; soit les droites XO et SU. Nous menons les droites ME et MG[10] jusqu'à ce qu'elles les rencontrent en Q et N. Nous joignons QN; elle est parallèle à OU. En effet, puisque OE et GU qui sont égales à BD et DC sont égales, et que XH et SH sont égales, alors le triangle XQH est semblable au triangle OQE et le rapport de OE à XH est égal au rapport de QE à QH. De même, le triangle SNH est semblable au triangle UNG et le rapport de UG à SH est égal au rapport de NG à NH. Le rapport de HQ à QE est donc égal au rapport de HN à NG, donc QN est parallèle à EG. De même, le triangle HXQ est semblable au triangle HKL, donc le rapport de XK à KH est égal au rapport de QL à LH, le triangle HSN est semblable au triangle HMI, et le rapport de SM à MH est égal au rapport de NI à IH; le rapport de QL à LH est donc égal au rapport de NI à IH. Si nous joignons LI, elle sera parallèle à EG, donc les triangles LKH et IMH sont sur deux bases égales et entre deux droites parallèles, par conséquent le triangle ALH tout entier est égal au triangle AIH tout entier. Ce que nous voulions. [125ᵛ]

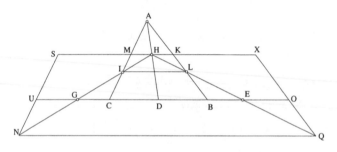

Fig. 9

– **10** – Nous voulons circonscrire à un triangle scalène – comme le triangle CDI – un carré, si cela est possible.

Nous menons la hauteur du triangle; soit CM. Nous la prolongeons et nous séparons CH égale à DI; nous joignons DH, nous menons sur elle à partir de I la perpendiculaire IE, nous prolongeons EI et nous menons de C la perpendiculaire CB sur celle-ci et de D une droite parallèle à la droite EI; soit DA. Nous prolongeons BC jusqu'à ce qu'elle la rencontre en A. Je dis que AE est un carré.

---

[10] Il faut remplacer ME et MG par HE et HG respectivement pour que le raisonnement soit correct. Voir commentaire.

خطين يوازيان خطي ا ب ا ج، وهما خطا ش ع س ص. ونخرج خطي م ه ز
إلى أن يلاقياهما على ق ن. ونصل ق ن، فهو يوازي ع ص. وذلك لأن ع ه
ز ص المساويين لـ ب د د جـ متساويان، وش ح س ح متساويان، فمثلث
ش ق ح يشبه مثلث ع ق ه ونسبة ع ق ه إلى ش ح كنسبة ق ه إلى ق ح.

5   وكذلك مثلث س ن ح يشبه مثلث ص ن ز، ونسبة ص ز إلى س ح كنسبة
ن ز إلى ن ح. فنسبة ح ق ه إلى ق ه كنسبة ح ن إلى ن ز، فـ ق ن يوازي ه ز.
وأيضًا، مثلث ح ش ق يشبه مثلث ح ك ل، فنسبة ش ك إلى ك ح كنسبة ق ل
إلى ل ح، ومثلث ح س ن يشبه مثلث ح م ط، ونسبة س م إلى م ح كنسبة
ن ط إلى ط ح؛ فنسبة ق ل إلى ل ح كنسبة ن ط إلى ط ح. وإذا وصلنا ل ط،

10   كان موازيًا لـ ه ز، فمثلثا ل ك ح ط م ح على قاعدتين متساويتين وبين خطين
متوازيين؛ فإذن جميع مثلث ا ل ح مساوٍ لجميع مثلث ا ط ح؛ وذلك ما
أردناه./

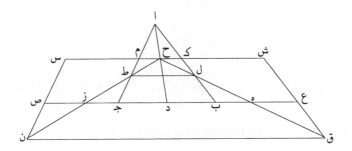

– ١٠ – نريد أن نعمل على مثلث مختلف الأضلاع، كمثلث جـ د طـ، ١٢٥-ظ
مربعًا متساوي الأضلاع والزوايا يحيط بالمثلث، إن أمكن.

15   فنخرج عمود المثلث، وهو جـ م؛ ونخرجه ونفصل جـ ح مثل د طـ، ونصل
د ح، ونخرج من طـ عليه عمود طـ ه، ونخرج ه طـ، ومن جـ عليه عمود
جـ ب، ونخرج من د خطًا يوازي خط ه طـ، وهو د ا، ونخرج ب جـ إلى أن
يلقاه على ا؛ أقول: فـ ا ه مربع.

1 م ه م ز: الصحيح «ح ه ح ز»، انظر التعليق – 4 يشبه: نسبه – 5 يشبه: نسبه – 7 يشبه: نسبه
– 8 يشبه: نسبه – 16 من طـ: و طـ.

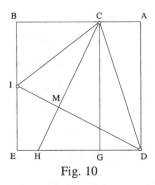

Fig. 10

Démonstration : Nous menons la perpendiculaire *CG* à *DE* ; il y a donc dans *CGH* et *DMH* deux angles droits *M* et *G* et l'angle *H* commun. Les deux triangles *CGH* et *DMH* sont donc semblables. D'une manière analogue, nous montrons que les triangles *DMH* et *DEI* sont semblables ; le triangle *CGH* est donc semblable au triangle *DEI*, *CG* est égale à *DE* et *CG* est égale à *BE* ; *DE* est donc égale à *BE* et la surface *AE* est un carré. Ce que nous voulions.

Et sache qu'il y a des triangles non inscriptibles dans un carré ; c'est ceux dont la hauteur est égale à la moitié de la base ou lui est inférieure ; car si *CM* était égale à *MH* et *DM* commune et les deux angles de part et d'autre de *M* droits, *DC* serait par conséquent égale à *DH* ; ce qui est absurde, car il faut dans le carré que *DC* soit plus grande que *DE*. Ce que nous voulions.

– **11** – Nous voulons inscrire dans un triangle scalène un carré.

Que le triangle soit *HBG* ; nous menons du point *H* la perpendiculaire *HD* et <du point> *B* une droite parallèle à *DH* de laquelle nous séparons une droite *AB* égale à *BG* ; nous joignons *AD* ; elle coupera *HB* au point *M*. On mène du point *M* une perpendiculaire à *BG*, soit *MC*, et une droite *MF* parallèle à *BG* ; et <du point> *F* la droite *FE* parallèle à *MC*. Je dis que *ME* est un carré.

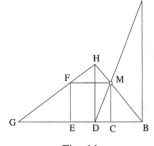

Fig. 11

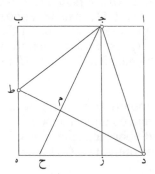

برهانه : أنّا نخرج عمود ج ز على د ه، ففي ج ز ح د م ح زاويتا م ز قائمتان وزاوية ح مشتركة. فمثلثا ج ز ح د م ح متشابهان. ومثله نبين أن مثلثي د م ح د ه ط متشابهان، فمثلث ج ز ح يشبه مثلث د ه ط، ف ج ز مثل د ه وج ز مثل ب ه، ف د ه مثل ب ه، فسطح آ ه مربع؛ وذلك ما أردناه.

٥ واعلم أن ⟨من⟩ المثلثات ما لا يحيط به مربع، وهو أن يكون عموده مثل نصف القاعدة أو أقل من ذلك، لأنه إذا كان ج م مثل م ح ود م مشترك والزاويتان اللتان عن جنبتي م قائمتين، ف د ج إذاً مثل د ح؛ وهذا خلف لأن د ج ينبغي أن يكون أطول من د ه في المربع؛ وذلك ما أردناه.

١١ ــ نريد أن نعمل في مثلث مختلف الأضلاع مربعًا يحيط به المثلث.

١٠

وليكن المثلث ح ب ز، فنخرج من نقطة ح عمود ح د ومن ب خطًّا يوازي د ح ونفصل منه ⟨خط آ ب⟩ مثل ب ز ونصل آ د، ⟨فيقطع ح ب على نقطة م⟩؛ ويخرج من نقطة ⟨م⟩ عمود ١٥ ⟨على ب ز وليكن م ج⟩ وخط م و موازيًا لـ ب ز، ومن و خط و ه موازيًا لـ م ج؛ فأقول: إن م ه مربع.

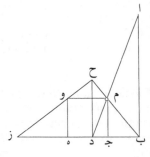

---

3 يشبه: نسبه ــ 8 د ج: د ح.

Démonstration: Puisque *AB* est parallèle à *MC*, on a le rapport de *AB* à *MC* égal au rapport de *AD* à *DM*; mais le rapport de *AD* à *DM* est égal au rapport de *BH* à *HM*, qui est égal au rapport de *BG* à *MF*. Par permutation: le rapport de *AB* à *BG* est égal au rapport de *MC* à *MF*. Mais *AB* est égale à *BG*, donc *MC* est égale à *MF*, donc *ME* est un carré. [126ʳ]

– **12** – Nous voulons montrer que, si on mène les trois hauteurs dans un triangle, elles se rencontrent en un même point.

Soit le triangle *ABC*, d'abord à angles aigus. Nous menons les deux hauteurs *BE* et *CD* qui se rencontrent en *G* et nous menons *AGH*. Je dis qu'elle est perpendiculaire à *BC*.

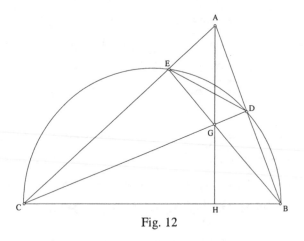

Fig. 12

Démonstration: Nous joignons *DE*. Puisque les deux angles *BEC* et *CDB* sont droits, le quadrilatère *BDEC* est inscrit dans un cercle et l'angle *CDE* sera égal à l'angle *CBE*. De même, puisque les angles *ADG* et *AEG* sont droits, alors le quadrilatère *ADGE* est inscrit dans un cercle et l'angle *HAE* sera égal à l'angle *CDE*, c'est-à-dire à l'angle *CBE*. Les angles *CAH* et *CBE* sont donc égaux et l'angle *C* est commun, il reste l'angle *AHC* égal à l'angle *GEC* qui est droit; il est donc droit.

Si le triangle a un angle obtus comme le triangle *BGC* dont l'angle *G* est obtus; si nous menons les deux hauteurs à partir des deux points *B* et *C*, et qu'elles se rencontrent au <point> *A*, alors le triangle *ABC* engendré sera à angles aigus; et il est clair que *AG*, si on la prolonge, rencontre la base *BC* suivant un <angle> droit. Les hauteurs dans tout triangle se rencontrent donc en un point. Ce que nous voulions.

برهانه: فلأن آ ب موازٍ لـ م جـ، تكون نسبة آ ب إلى م جـ كنسبة آ د إلى د م؛ ونسبة آ د إلى د م كنسبة ب ح إلى ح م، وهي كنسبة ب ز إلى م و؛ وبالإبدال: نسبة آ ب إلى ب ز كنسبة م جـ إلى م و. وآ ب مثل ب ز، فـ م جـ مثل م و، فـ م ه مربع. /

٥ – ١٢ – نريد أن نبين أن كل مثلث فإن أعمدته الثلاثة، إذا أخرجت، التقت على نقطة واحدة. ١٢٦-و

فليكن مثلث آ ب جـ أولاً حاد الزوايا. ونخرج فيه عمودي ب ه جـ د يلتقيان على زَ، ونخرج آ ز ح؛ فأقول: إنه عمود على ب جـ.

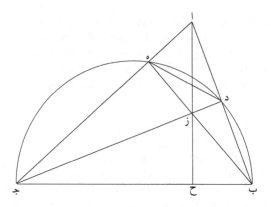

برهانه: أنا نصل د ه. فـلأن زاويتي ب ه جـ جـ د ب قائمتان، يحيط
١٠ بمنحرف ب د ه جـ دائرة وتكون زاوية جـ د ه مثل زاوية جـ ب ه. وكذلك أيضًا لأن زاويتي آ د ز آ ه ز قائمتان، يكون منحرف آ د ز ه يحـيـط بـه دائرة، وتكون زاوية ح آ ه مثل زاوية جـ د ه، أعني زاوية جـ ب ه. فزاويتا جـ آ ح جـ ب ه متساويتان وزاوية جـ منهما مشتركة، ويبقى ‹زاوية› آ ح جـ مثل زاوية ز ه جـ القائمة، فهي قائمة.

١٥ وإن كان المثلث منفرج الزاوية مثل مثلث ب ز جـ وزاوية زَ منفرجة، فإذا أخرجنا عمودين من نقطتي ب جـ، والتقيا عند آ، كان مثلث آ ب جـ الحادث حاد الزوايا؛ وبيّن أن آ ز، إذا أخرج، لقي قاعدة ب جـ على قائمة. وكل مثلث فإن أعمدته تلتقي على نقطة؛ وذلك ما أردناه.

8 فأقول: وأقول، وهذا جائز أيضًا، ولكن لا يأخذ به في مثل هذا السياق.

– 13 – Soit un triangle *BDF* de côtés connus dans lequel nous voulons mener une droite parallèle à *DF* telle que cette droite menée soit égale à la somme des deux droites qu'elle a séparées des deux côtés au-delà <des points> *D* et *F*, alors nous divisons la droite *DF* en deux parties au <point> *E* tel que le rapport de *DE* à *EF* soit égal au rapport de *DB* à *BF*.

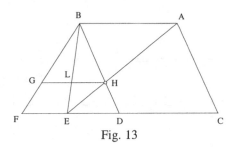

Fig. 13

Nous joignons *EB* et nous menons de *B* une droite *BA* parallèle à *DF* ; que *BA* soit égale à *BD*. Nous prolongeons *FD* et nous menons de *A* une droite *AC* parallèle à *BD*. Il est clair que *AB* est égale à *AC*. Nous menons *AE* qui coupe *BD* en *H*, et de *H* la droite *HLG* parallèle à *DF*. Je dis que la droite *HLG* est égale à la somme des droites *HD* et *GF*.

Démonstration : Le rapport de *AB* à *LH* est égal au rapport de *AE* à *EH* en raison du parallélisme de *AB* et *HL* [126ᵛ] et le rapport de *AE* à *EH* est égal au rapport de *AC* à *HD*, donc le rapport de *AC* à *HD* est égal au rapport de *AB* à *HL*. Par permutation : le rapport de *AC* à *AB* est égal au rapport de *HD* à *HL*. Mais *AC* est égale à *AB*, donc *HD* est égale à *HL*. Le rapport de *HD* à *GF* est égal au rapport de *HL* à *LG*[11]. Par permutation : le rapport de *HD* à *HL* est égal au rapport de *GF* à *LG*. Mais *HD* est égale à *HL*, donc *LG* est égale à *GF*, et la droite *HLG* est égale à la somme des deux droites *HD* et de *GF*. Ce que nous voulions.

Si nous voulons que la droite parallèle menée soit égale au double de la somme des deux droites qu'elle a séparées du triangle, nous posons *AB* le double de *BD*. De même, pour un multiple quelconque à volonté.

– 14 – Si nous voulons que le carré de la droite parallèle menée soit égal à la somme des carrés des deux droites séparées du triangle, alors nous posons dans le triangle *ABC*, une fois que l'on a prolongé *CA* jusqu'au point *G*, le carré de *CG* égal à la somme des carrés de *CA* et *AB*.

---

[11] L'auteur ne justifie pas cette égalité (voir commentaire).

– ١٣ – إذا كان مثلث ب د و معلوم الأضلاع، وأردنا أن نخرج فيه خطًا
يوازي د و ويكون الخط المخرج مثل الخطين اللذين فصلهما ذلك الخط من
الضلعين مما يلي د و، فإنا نقسم خط د و بقسمين على ه حتى يكون نسبة د ه
إلى ه و كنسبة د ب إلى ب و.

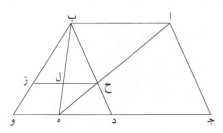

٥　　ونصل ه ب ونخرج من ب خط ب ا يوازي د و، وليكن ب ا مثل ب د؛
ونخرج و د على استقامة ونخرج من ا خط ا ج يوازي ب د. وبيّن أن ا ب
يكون مساويًا لـ ا ج. ونخرج ا ه يقطع ب د على ح، ومن ح خط ح ل ز
موازيًا لـ د و؛ فأقول: إن خط ح ل ز مثل خط ح ز و.

برهانه: أن نسبة ا ب إلى ل ح كنسبة ا ه إلى ه ح لتوازي ا ب ح ل /
١٠　ونسبة ا ه إلى ه ح كنسبة ا ج إلى ح د، فنسبة ا ج إلى ح د كنسبة ا ب إلى
ح ل. وبالإبدال : نسبة ا ج إلى ا ب كنسبة ح د إلى ح ل. وا ج مثل ا ب،
فـ ح د مثل ح ل. ونسبة ح د إلى ز و كنسبة ح ل إلى ل ز. وبالإبدال: نسبة
ح د إلى ح ل كنسبة ز و إلى ل ز. وح د مثل ح ل، فـ ل ز مثل ز و، وخط
ح ل ز مثل خطي ح د ز و جميعًا؛ وذلك ما أردناه.

١٥　　وإن أردنا أن يكون الخط الموازي المخرج مثلي الخطين اللذين فصلهما من
المثلث، فجعلنا ا ب أي ضعف ب د؛ وكذلك أي مقدار أردناه.

– ١٤ – وإن أردنا أن يكون مـربع الخط المـوازي المخـرج مـثل مـربعي
الخطين المفصولين من المثلث، فإنا نجعل في مثلث ا ب ج ج ا بعد إخراج ج ا ﴿إلى
نقطة ز﴾ مربع ج ز مثل مربعي ج ا ا ب.

2 فصلهما: فضلهما – 8 د و؛ د زَ / خط ح د ز و؛ يعني خطي ح د وز و و إذا اعتبرا كخط واحد،
ولهذا أثبتنا النص على حاله – 18 المفصولين: المصولين / فإنا: فان.

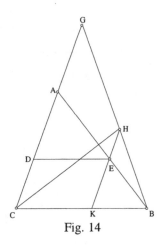

Nous menons *KEH* parallèle à *CG* et égale à *KC*, et *ED* parallèle à *BC* ; le carré de *KH*, c'est-à-dire le carré de *ED*, est donc égal à la somme des carrés de *KE* et de *EB*[12], c'est-à-dire à la somme des carrés de *CD* et de *EB*.

Nous procédons de manière analogue, si nous voulons que le carré de *DE* soit égal au double de la somme des carrés de *BE* et de *DC* ou à un multiple quelconque <de cette somme> à volonté. Ce que nous voulions.

Fig. 14

– **15** – <a> Soit dans un cercle *ABC* la corde *BC* connue et son diamètre connu ; on trace sur la corde *BC* deux droites *BA* et *AC* telles que le rapport de l'une à l'autre soit connu, et nous voulons connaître chacune d'elles. Nous partageons donc l'angle *BAC* en deux moitiés par la droite *AD* et nous menons *BD* et *DC* ; elles sont donc égales et chacune d'elles est connue. Le rapport de *BA* à *AC* est égal au rapport de *BE* à *EC* ; mais chacune des <droites> *BE* et *EC* est connue et la droite *DE* est connue, [127r] il reste *AE*, connue. Le produit de *BD*, connu, par la somme de *BA* et *AC* est connu, donc la somme des deux droites *BA* et *AC* est connue ; mais le rapport de l'une à l'autre est connu, donc chacune d'elles est connue.

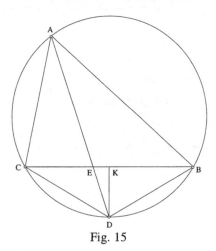

Fig. 15

---

[12] Égalité donnée sans démonstration.

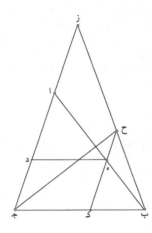

ونخرج كـ ه ح موازيًا لـ جـ ز ومساويًا
لـ كـ جـ ‹وه د مـوازيًا لـ ب جـ›، فمربع
كـ ح، أعني مـربـع ه د يساوي مربعي كـ ه
ه ب، أعني مربعي جـ د ه ب.

5   وبمثل هذا التدبير، لو أردنـا أن يكون
مربع د ه مثلي مربعي ب ه د جـ أو أي قدر
شئنا؛ وذلك ما أردناه.

– ١٥ – إذا كـــان في دائرة ا ب جـ وتر ب جـ معلومًا وقطرها معلومًا،
ورسم على وتر ب جـ خطا ب ا ا جـ، وكانت نسبة أحدهما إلى الآخر معلومة،
10   ونريد أن نعلم كل واحد منهمـا. فنقسم زاوية ب ا جـ بنصفين بخط ا د،
ونخرج ب د د جـ، فهما متساويان وكل واحد منهما معلوم. ونسبة ب ا إلى
ا جـ كنسبة ب ه إلى ه جـ؛ وكل واحد من ب ه جـ مـعلوم، ويكون د ه
معلومًا،/ ويبقى ا ه معلومًا. وسطح ب د المعلوم في ب ا ا جـ معلوم، فخطا ١٢٧-و
ب ا ا جـ مجموعين معلومان؛ ونسبة أحدهما إلى الآخر معلومة، فكل واحد
15   منهما معلوم.

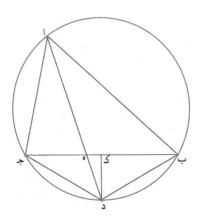

<b> Dans une figure analogue, si le diamètre du cercle est connu, que la droite *BC* est connue, que la somme des deux droites *AB* et *AC* est connue et que nous voulons connaître chacune d'elles, alors chacune <des droites> *BD* et *DC* est connue et le produit de *BD* par la somme de *BA* et *AC* est connu et il est égal à *AD* par *BC* ; *AD* est donc connue et *BD* est connue, *AB* est donc connue.

– **16** – Soit un triangle *ABC* connu ; on prolonge *BC* jusqu'en *D*, qui est connu. Nous voulons mener du point *D* une droite qui aboutit à *AB*, telle que le triangle formé entre la droite prolongée et les droites *AC* et *CD* soit égal au triangle formé par la droite et les deux droites *BA* et *AC*.

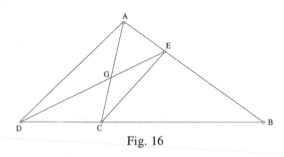

Fig. 16

Nous joignons *AD* et nous menons de *C*, *CE* parallèle à *AD* ; nous joignons *ED* ; les deux triangles *AED* et *ACD* sont égaux, étant donné qu'ils sont sur la base *AD* et entre les deux parallèles *EC* et *AD*. Nous retranchons le triangle *AGD* commun, il reste les deux triangles *DGC* et *AGE* égaux. Ce que nous voulions.

– **17** – Si nous voulons que le triangle *DHC* soit la moitié du triangle *AEH*, alors nous joignons *DA* et nous menons du point *C* une droite *CL* qui lui est parallèle.

Lorsque nous menons du <point> *D* une droite qui coupe *AC* et *LC* et qui aboutit à *AB*, telle que la droite qui sera entre *AC* et *LC* soit égale à la droite entre *LC* et *AB*, alors nous aurons construit ce que nous voulions.

Pour mener cette droite nous procédons ainsi : posons cette droite, la droite *DHGE* qui coupe *AC* et *LC* aux points *H* et *G* ; *HG* est donc égale à *GE*. Mais le rapport de *DE* à *EG* est égal au rapport de *DA* à *GL*. Or le rapport de *DE* à *EG* est égal au rapport de *DG* plus *GH* à *GH*. Mais *DG*

وفي مثل هذه الصورة: إذا كان قطر الدائرة معلومًا وخط ب جـ معلومًا
وخطا ب ا ا جـ مجموعين معلومين، ونريد أن نعلم كل واحد منهما، فيكون
كلٌّ من ب د د جـ معلومًا ومضروبُ ب د في ب ا ا جـ مجموعين معلومًا، وهو
مثل ا د في ب جـ؛ فـ ا د معلوم وب د معلوم، فـ ا ب معلوم.

5 – ١٦ – إذا كان مثلث ا ب جـ معلومًا، وقد أخرج فيه ب جـ إلى د، وهو
معلوم، ونريد أن نخرج من نقطة د خطًا ينتهي إلى ا ب حتى يكون المثلث
الذي يحدث فيما بين الخط المخرج وخطي ا جـ جـ د مثلَ المثلث الذي حدث
من الخط وخطي ب ا ا جـ.

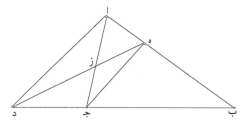

فنصل ا د ونخرج من جـ هـ موازيًا لـ ا د، ونصل هـ د، فمثلثا ا هـ د ا جـ د
10 متساويان، لكونهما على قاعدة ا د وفيما بين متوازيي هـ جـ ا د. ونلقي مثلث
ا ز د المشترك، يبقى مثلثا د ز جـ ا ز هـ متساويين؛ وذلك ما أردناه.

– ١٧ – فإن أردنا أن يكون مثلث د حـ جـ نصف مثلث ا هـ حـ، فإنا نصل
د ا ونخرج من نقطة جـ خط جـ لـ يوازيه.

فمتى أخرجنا من د خطًا يقطع ا جـ لـ جـ وينتهي إلى ا ب، حتى يصير
15 الخط الذي فيما بين ا جـ لـ جـ مثل الخط الذي فيما بين لـ جـ ا ب، عملنا ما
أردنا.

وإخراج هذا الخط يكون كما نبين: لنضع ذلك الخط خط د حـ ز هـ يقطع
ا جـ لـ جـ على نقطتي حـ ز؛ فـ حـ ز مثل ز هـ. ونسبة د هـ إلى هـ ز كنسبة د ا إلى
ز لـ. ونسبة د هـ إلى هـ ز كنسبة د ز مع ز حـ إلى ز حـ. ونسبة د ز مع ز حـ إلى

1 معلومًا: معلوم – 2 معلومين: معلوم – 3 معلومًا: معلوم – 10 متوازيي: متوازتي: متوازتي – 12 ا هـ حـ:
ا هـ ر.

plus GH à GH est égal au rapport de AD plus le double de GC à GC, donc le rapport de AD plus le double de GC à GC [127^v] est égal au rapport de AD à LG. Nous prolongeons LC jusqu'en M et nous posons CM égale à la moitié de AD ; le rapport de MG à GC est donc égal au rapport de CM à LG et le produit de CM par CG est égal au produit de GM par GL.

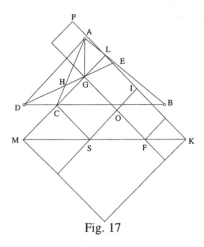

Fig. 17

Si nous voulons diviser LM par cette division pour que le produit de l'une de ses parties par l'autre soit égal au produit de CM par l'excédent de LC sur l'une de ses deux parties, alors nous construisons sur LM le carré MK et nous menons la diagonale KM. Nous menons du <point> C, à KM, la droite CS, égale à CM ; nous menons IS parallèle à LM et nous menons LP égale à LI, puis nous appliquons à KP un parallélogramme déficient d'un carré, il sera égal au rectangle $ISCL$. Si nous faisons cela, il reste le quadrilatère LF égal au quadrilatère OC, qui est le produit de SC par CG, et le quadrilatère FL est le produit de MG par GL.

De même, si nous voulons que la grandeur du triangle DHC soit d'une grandeur à volonté du triangle AEH, nous procédons de la même manière.

– **18** – Soit $ABCD$ un parallélogramme connu dans lequel on mène la diagonale BC et on prolonge BD indéfiniment. Nous voulons mener du <point> A une droite qui coupe BC et qui aboutit en E sur la droite BD à l'extérieur du parallélogramme, et telle que le triangle compris entre les droites BC et GC soit égal au triangle formé à l'extérieur du parallélogramme, c'est-à-dire les deux triangles CHG et GDE.

زح كنسبة اد مع ضعف زج إلى زج، فنسبة اد مع ضعف زج إلى زج /
كنسبة اد إلى لز. ونخرج لج إلى م ونجعل جم مثل نصف اد، فنسبة مز ۱۲۷-ظ
إلى زج كنسبة جم إلى لز، فسطح جم في جز مثل سطح زم في زل.

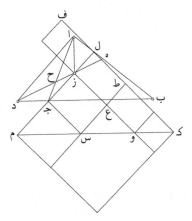

فإذا أردنا أن نقسم لم هذه القسمة حتى يكون مضروب أحد قسميه في
الآخر مثل مضروب جم في فضل لج على أحد ذينك القسمين، فإنا نعمل   5
على لم مربع م ك ونخرج قطر كم. ونخرج من جـ خط جـ س إلى كم مثل
جم، ونخرج طـ س يوازي لم ونخرج لف مثل لط، ثم نضيف إلى كف
سطحًا متوازي الأضلاع ينقص عن تمامه مربعًا، فيكون مساويًا لسطح
طـ س جـ ل المستطيل. فإذا فعلنا ذلك، يبقى سطح لو مثل سطح عج، الذي
هو سطح س جـ في جـ ز، وسطح ول هو سطح مز في زل.   10
وكذلك إن أردنا أن يكون قدر مثلث ‹د ح جـ من مثلث› اه ح أيّ قدر
شئنا، دبرنا فيه هذا التدبير.

– ۱۸ – ليكن سطح اب جـ د المتوازي الأضلاع معلومًا، وقد أخرج فيه
قطر بـ جـ وأخرج بـ د لا إلى نهاية. ونريد أن نخرج من آ خطًا يقطع بـ جـ
وينتهي إلى هـ من خط بـ د خارج السطح، ويكون المثلث الذي يقع فيما بين   15
خطي بـ جـ زجـ مثل المثلث الحادث خارج السطح، أعني مثلثي جـ ح ز
زد هـ.

3 جـ م (الثانية): ح م – 11 أيّ: الى.

Nous considérons communément la surface qui reste du triangle *BCD*, alors le triangle *BCD* sera égal au triangle *BHE*. Mais
le triangle *BCD* est égal au triangle *ABC* et
le rapport du triangle *BHE* au triangle *ABH*
est égal au rapport de *EH* à *HA*, c'est-à-dire
au rapport de *BH* à *HC*. De même, le
triangle *BHE* est égal au triangle *ABC* et le
rapport du triangle *ABC* au triangle *ABH*
est égal au rapport de *CB* à *BH*, donc le

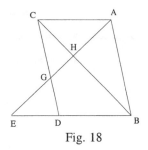

Fig. 18

rapport de *CB* à *BH* est égal au rapport de *BH* à *HC*. Le produit de *BC* par
CH est égal au carré de *BH*. [128ʳ] Par conséquent, si nous divisons *BC* en
H en moyenne et extrême raison et si nous menons du <point> *A* une droite
AHE, alors le triangle *CHG* sera égal au triangle *DGE*. Ce que nous
voulions.

– **19** – Soit *AGHB* un parallélogramme. On prolonge *GH* jusqu'en *I*.
Nous voulons mener de *I* une droite jusqu'à *AG* telle que le triangle qui se
forme soit égal à la surface qui est au-dessus de lui, celle qu'elle a séparée de
la surface du parallélogramme *AGHB*.

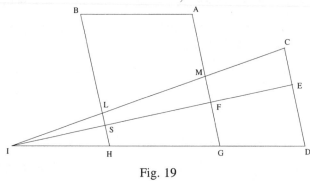

Fig. 19

Nous menons du <point> *I* une droite quelconque *IE*; qu'elle coupe les
côtés *AG* et *BH* aux points *F* et *S*. Nous construisons un triangle *IED*
semblable au triangle *IFG* et égal à la somme du triangle *IFG* et de la
surface *FGHS*; nous menons *DE* et nous construisons sur *DI* un triangle
DCI égal au parallélogramme *AGHB*. Nous disons que la droite *IM* est celle
que nous voulions.

Puisque dans le triangle *ICD* les droites *GM* et *HL* sont parallèles à la
droite *CD* et qu'on avait mené *IFE* de sorte que la surface *EDGF* soit égale
à la surface *FGHS*, alors la surface *CDGM* est égale à la surface *MGHL*. Si

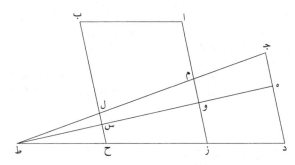

فنجـعـل السطح البـاقي من مــثلث ب جـ د مشتركًا، فيصير مثلث ب جـ د مثل مثلث ب ح ه. ولكن مثلث ب جـ د مثل مثلث ا ب جـ، ونسبة مثلث ب ح ه إلى مثلث ا ب ح كنسبة ه ح إلى ح ا، أعني نسبة ب ح إلى ح جـ. وأيضًا، مـثلث ب ح ه مثل مثلث ا ب جـ ونسبة مثلث ا ب جـ إلى مثلث ا ب ح كنسبة جـ ب إلى ب ح، فنسبة جـ ب إلى ب ح كنسبة ب ح إلى ح جـ. وسطح ب جـ في جـ ح مثل مربع ب ح. فإذن، إذا قسمنا ب جـ على ح على نسبة ذات وسط وطرفين وأخرجنا من ا خط ا ح ه، صار مثلث جـ ح ز مثل مثلث د ز ه؛ وذلك ما أردناه.

١٩ – ليكن ا ز ح ب متوازي الأضلاع؛ وقد أخرج ز ح إلى طـ. ونريد أن نخرج من طـ خطًا إلى ا ز حتى يكون المثلث الذي حدث مساويًا للسطح الذي فوقه، وهو الذي قطعه من سطح ا ز ح ب.

فنخرج من طـ خط طـ ه كيف اتفق، وليقطع ضلعي ا ز ب ح على نقطتي و س. ونعمل مثلث طـ ه د شبيهًا بمثلث طـ و ز ومساويًا لمثلث طـ و ز ولسطح و ز ح س، ونخرج د ه ونعـمـل على د طـ مثلث د جـ طـ مساويًا لسطح ا ز ح ب. نقول: فخط طـ م هو الذي أردناه.

فلأن في مثلث ⟨طـ جـ د⟩ خطي ز م ح ل موازيان لخط جـ د وقد أخرج فيه طـ ه و وصير سطح ه د ز و مثل سطح و ز ح س، يكون سطح جـ د ز م

nous retranchons communément la surface *MGHL* de la surface *AGHB* et de celle du triangle *ICD* qui sont égales, il reste la somme de la surface *CMGD* et du triangle *ILH*, c'est-à-dire le triangle *IMG* égal à la surface *AMLB*. Ce que nous voulions.

Si nous voulons que le triangle soit la moitié de la surface ou son double ou une quelconque grandeur à volonté, alors nous construisons ce que nous voulons comme nous l'avons décrit.

– **20** – Soit le carré *ABDC* dans lequel la droite *EG* est parallèle à *AC* et une coudée de la surface *AG* est cinq coudées de la surface *GB* par son tiers. Nous voulons mener du point *D* une droite jusqu'à *AC* telle qu'elle coupe les deux rectangles *CE* et *GB* en deux parties et telle que la division de l'une des parties du carré *ABDC* soit comme la division de son autre partie.

Nous menons la droite *DML* jusqu'à une grandeur [128ᵛ] connue de *AC*, soit *CL*. La surface *LMGC* ainsi que sa grandeur sont donc connues. De même, le triangle *MGD*, ainsi que sa grandeur et la grandeur de la moitié des rectangles *AG* et *GB*[13], sont connus. Et le rapport de la grandeur du triangle *LCD* à la grandeur du triangle *MGD* qui sont connues est égal au rapport de la moitié de la grandeur des rectangles *AG* et *GB*[14] qui sont connus à la grandeur de l'homologue du triangle *MGD* qui est le triangle *GDI* ; sa grandeur et sa surface sont donc connues. Nous

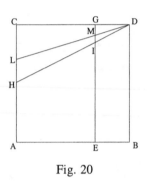

Fig. 20

prolongeons *DI* jusqu'en *H*, alors la grandeur du triangle *DCH* est égale à la grandeur de la moitié de la somme des rectangles *AG* et *GB*. Ce que nous voulions.

– **21** – Soit le quadrilatère *AICL* de côtés inégaux, connu, dans lequel l'angle *CIA* est droit. On prolonge *IC* indéfiniment. Nous voulons mener du point *A* une droite qui coupe *LC* et aboutit à la droite *IC*, telle que le triangle engendré par la droite prolongée et les droites *LC* et *HC* soit égal au triangle *B* connu.

---

[13] C'est ainsi dans le texte ; mais il faut lire « le rectangle *GB* » ou bien « le rectangle *AG* » pour que la solution soit correcte.

[14] Voir note précédente.

مثل سطح م ز ح ل. وإذا ألقينا سطح م ز ح ل المشترك بين سطحي آ ز ح ب ومثلث ط ﺟ د المتساويين، يبقى مجموع سطح ﺟ م ز د ومثلث ط ل ح، أعني مثلث ط م ز مساويًا لسطح ﺍ م ل ب؛ وذلك ما أردناه.

وإن أردنا أن يكون المثلث نصف السطح أو مثليه أو أي قدر شئنا منه، فعلى ما وصفنا نعمل ما نريد.

٥

– ٢٠ – مربع ﺍ ب د ﺟ فيه خط ﻫ ز مواز لـ ﺍ ﺟ، وذراع من سطح ﺍ ز ب بخمسة أذرع من سطح ز ب بثلثه. فنريد أن نخرج من نقطة د خطًا إلى ﺍ ﺟ حتى يقطع سطحي ﺟ ﻫ ز ب بقسمين ويكون قسمة أحد قسمي مربع ﺍ ب د ﺟ مثل قسمة القسم الآخر منه.

١٠ فنخرج خط د م ل إلى قدر / معلوم من ﺍ ﺟ، وهو ﺟ ل. فسطح ل م ز ﺟ وقيمته معلومان. وكذلك مثلث م ز د وقيمته ونصف سطحي ﺍ ز ز ب معلومة. ونسبة قيمة مثلث ل ﺟ د إلى قيمة مثلث م ز د المعلومتين كنسبة نصف قيمة سطحي ﺍ ز ز ب

١٥ المعلومين إلى قيمة نظير مثلث م ز د، وهو مثلث ز د ط، فقيمته وسطحه معلومان. ونخرج د ط إلى ح، فيصير قيمة مثلث د ﺟ ح مثل قيمة نصف سطحي ﺍ ز ز ب؛ وذلك ما أردناه.

– ٢١ – إذا كان مربع ﺍ ط ﺟ ل مختلف الأضلاع معلومًا، وفيه زاوية ﺟ ط ﺍ قائمة، وقد أخرج ط ﺟ إلى غير نهاية. ونريد أن نخرج من نقطة ﺍ

٢٠ خطًا يقطع ل ﺟ وينتهي إلى خط ط ﺟ حتى يصير المثلث الذي حدث من الخط المخرج وخطي ل ﺟ ﺟ ح مثل مثلث ب المعلوم.

١ سطحي: يعني سطح متوازي الأضلاع وسطح مثلث ط ﺟ د – ١٢-١٣ وقيمة نصف سطحي ﺍ ز ز ب معلومة: كذا في النص، والصواب هو إما «وقيمة سطح ز ب معلومة» وإما «وقيمة سطح ﺍ ز معلومة»، انظر الشرح – ١٤-١٥ نصف قيمة سطحي ﺍ ز ز ب المعلومين: كذا في النص، انظر التعليق السابق والشرح – ١٥ المعلومين: المعلومتين – ٢١ ح ﺟ: لعلها في الأصل ط ﺟ / مثل: مثلى.

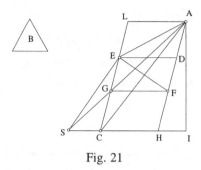

Fig. 21

Nous menons du point *A* la droite *AH* parallèle à la droite *LC*. Alors *CH* sera connu, et cela étant donné que *IC* et l'angle *AHI*, c'est-à-dire l'angle *LCI*, sont connus. Que la droite prolongée soit la droite *AS*, qui coupe *LC* au <point> *G*. Nous menons *GF* parallèle à la droite *CH*, elle lui sera égale et sera connue. Nous appliquons à *FG* un parallélogramme égal au double du triangle *B*, soit le parallélogramme *DFGE*, et qui est le double de *B*. Nous joignons *AE*, *ES* et *AC*. Le triangle *AGE* sera donc égal au triangle *B*. Bien plus, il sera égal au triangle *GCS*. La droite *ES* est donc parallèle à la droite *AC*. Mais *EC* est parallèle à *AH*. Le triangle *ECS* est donc semblable au triangle *AHC*. Mais le triangle *AHC* est de côtés connus. Le rapport de *EC* à *CS* est donc connu. Mais la droite *GE* est connue et le triangle *GCS* est d'aire connue. Les droites *GS* et *CS* sont donc connues. Par le même procédé, nous menons du point *A* une droite telle que le triangle *GCS* soit égal au triangle *B*, même si l'angle [129ʳ] *I* n'est pas droit.

– **22** – *ABCD* est un parallélogramme et on prolonge le côté *BC* indéfiniment. On y mène la droite *EG* parallèle aux côtés *AB* et *CD*. Nous voulons mener du point *A* une droite qui aboutisse à la droite *BCL* et qui coupe les droites *CD* et *GE* telle que le triangle engendré à l'extérieur de l'aire *ABCD* soit égal à l'aire découpée par la droite menée dans la surface *EGCD*.

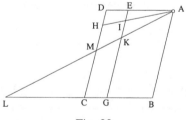

Fig. 22

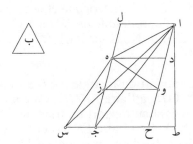

فنخرج من نقطة آ خط آ ح يوازي خط ل جـ، فيكون جـ ح معلومًا، وذلك لكون طـ جـ وزاوية آ ح طـ، أعني زاوية ل جـ طـ، معلومين. وليكن الخط المخرج خط آ س يقطع ل جـ على زّ. ونخرج زّ و موازيًا لخط جـ ح، فيكون مساويًا له ومعلومًا. ونضيف إلى و زّ سطحًا متوازي الأضلاع مثل ضعف مثلث ب، وهو سطح د و زّ ه، وهو مثلا بّ. ونصل ا ه س ا جـ، فمثلث ا زّ ه يكون مثل 5 مثلث بّ، بل مثل مثلث زّ جـ س. فخط ه س يوازي خط ا جـ. وكان ه جـ يوازي ا ح، فمثلث ه جـ س يشبه مثلث ا ح جـ. ومثلث ا ح جـ معلوم الأضلاع، فنسبة ه جـ إلى جـ س معلومة. وخط زّ ه معلوم ومثلث زّ جـ س معلوم المساحة، فخط زّ س جـ س معلومان. ومثل هذا التدبير، نخرج من ١٢٩-و نقطة آ خطًا يصير مثلث زّ جـ س مثل مثلث بّ، وإن لم تكن زاوية / طـ 10 قائمة.

- ٢٢ - سطح ا ب جـ د متوازي الأضلاع، وأخرج ضلع ب جـ إلى غير نهاية. وقد أخرج فيه خط ه زّ يوازي ضلعي ا ب جـ د؛ ونريد أن نخرج من نقطة آ خطًا ينتهي إلى خط ب جـ ويقطع خطي جـ د زّ ه، ويصير المثلث الذي حدث خارجًا عن سطح ا ب جـ د مثل السطح الذي قطعه الخط المخرج من 15 سطح ه زّ جـ د.

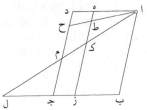

Nous menons une droite *AIH* quelconque et nous partageons *DC* en deux parties en *M* tel que le rapport doublé de *DM* à *MC* soit égal au rapport du triangle *AHD* à l'aire *EIHD*. Nous menons *AML*. Je dis que l'aire *EKMD* est égale au triangle *MCL*.

Démonstration : Le rapport du triangle *AHD* à l'aire *EIHD*, qui est égal au rapport du triangle *AMD* à l'aire *EKMD*, est égal au rapport doublé de *DM* à *MC*, c'est-à-dire égal au rapport du triangle *AMD* au triangle *MCL*. Les rapports du triangle *AMD* à l'aire *EKMD* et au triangle *MCL* sont donc les mêmes. Par conséquent les deux aires sont égales. Ce que nous voulions.

– **23** – Soit un quadrilatère *ABCD* de diagonale *BC* ; on mène dans le triangle *ABC* une droite *LU* parallèle à *BC*. Nous voulons mener du point *A* une droite qui aboutit à *CD* et qui coupe les droites *LU* et *BC* et telle que le segment de cette droite entre le point *A* et la droite *LU* soit égal au segment entre *BC* et *DC* ou à son double ou à une quelconque grandeur à volonté.

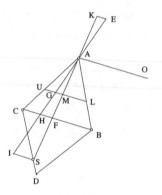

Fig. 23

Nous procédons d'abord comme s'il lui était égal ; nous menons la droite *AGH* quelconque, nous faisons passer par *A* une droite *AO* parallèle aux droites *LU* et *BC* et nous prolongeons *HGA* jusqu'en *E*. Nous posons *AE* égal à *GH*, nous prolongeons *AGH* jusqu'en *I* et nous posons *HI* égal à *AG*. Or *EA* est égal à *GH*, donc *EG* est égal à *GI*. Nous faisons passer par le point *I* une droite parallèle à la droite *LU* et à la droite qui passe par le point *A*, qui est la droite *AO*. Qu'elle tombe sur *DC* au point *S*. Nous menons *SA* et nous la prolongeons jusqu'en *K*. Puisque *EA* est égal à *GH* et *GA* égal à *HI*, *AM* est donc égal à *FS*. Ce que nous voulions. On procède ainsi pour une quelconque grandeur à volonté[15]. [129v]

---

[15] Les constructions *O*, *E* et *K* sont superflues ; voir commentaire.

فنخرج خط ا ط ح كيفما وقع، ونقسم د جَ بقسمين على مَ، حتى يكون
نسبة د مَ إلى مَ جَ مثناة كنسبة مثلث ا ح دَ إلى سطح ه ط ح دَ. ونخرج
ا مَ لَ؛ فأقول: إن سطح ه كَ مَ دَ مثل مثلث مَ جَ لَ.

برهانه: أن نسبة مثلث ا ح دَ إلى سطح ه ط ح دَ، التي هي كنسبة مثلث
5 ا مَ دَ إلى سطح ه كَ مَ دَ، كنسبة د مَ إلى مَ جَ مثناة، أعني كنسبة مثلث ا مَ دَ
إلى مثلث مَ جَ لَ؛ فنسبة مثلث ا مَ دَ إلى سطح ه كَ مَ دَ و⟨إلى⟩ مثلث مَ جَ لَ
واحدة. فإذن هما متساويان؛ وذلك ما أردناه.

– ٢٣ – إذا كان مربع ا ب جَ دَ وقطره ب جَ، وأخرج في مثلث ا ب جَ
خط لَ صَ يوازي ب جَ، ونريد أن نخرج من نقطة آ خطاً ينتهي إلى جَ دَ
10 ويقطع خطي لَ صَ ب جَ ويكون الخط الذي وقع منه فيما بين نقطة آ وخط
لَ صَ مثل الخط الذي يقع فيما بين ب جَ وبين دَ جَ أو مثليه أو أي قدر شئنا.

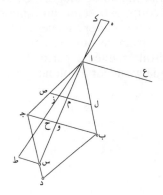

فنعمل أولاً على أن مثله، ونخرج خط ا ز ح كيفما وقع، ونجيز على آ خط
ا عَ يوازي خطي لَ صَ ب جَ، ونخرج ح زَ ا إلى ةَ. ونجعل اَ ه مثل زَ ح،
ونخرج ا ز ح إلى طَ، ونجعل ح طَ مثل ا زَ. وكان ه آ مثل زَ ح، فَ ه زَ مثل
15 زَ طَ. ونجيز على نقطة طَ خطاً موازياً لخط لَ صَ وللخط الذي كان على نقطة آ،
وهو خط ا عَ، وليقع على دَ جَ على نقطة سَ. ونخرج س آ وننفذه إلى كَ. فلأن
ه آ مثل زَ ح وزَ ا مثل ح طَ، فَ ا مَ مثل وَ سَ؛ وذلك ما أردناه. وهكذا نفعل أي
قدر شئنا. /

7 ما أردناه: في الهامش مع «خ» – 11 الخط: في الهامش مع «صح» – 13 ح زَ ا: ح ب آ – 15
وللخط: والخط – 18 كتب الناسخ في الهامش: «كان في هذا الشكل زيادات»، وربما تقرأ «كأن
في هذا الشكل زيادات»، مما يعني أنه انتبه إلى الزيادات التي في الشكل.

– **24** – Si on a un quadrilatère *ABCD* de diagonale *BD*, si on mène *LI* parallèle à *BD*, si on mène *AG* qui tombe sur *CD* en *G* et qui coupe *BD* en *H*, si on mène *IE* parallèle à *AG* et si on mène *HE*, je dis que le rapport de *AI* à *ID* est égal au rapport du triangle *HGE* au triangle *EHD* et que le rapport de *AD* à *DI* est égal au rapport du triangle *HGD* au triangle *HED*.

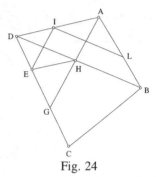

Démonstration: *IE* est parallèle à *AG*, donc le rapport de *AI* à *ID* est égal au rapport de *GE* à *ED*, c'est-à-dire au rapport du triangle *HGE* au triangle *HED*. Mais le rapport de *AD* à *ID* est égal au rapport du triangle *HGD* au triangle *HED*. Ce que nous voulions.

Fig. 24

– **25** – *ABCD* est un quadrilatère de diagonale *BD*, dans lequel la droite *GE* est parallèle à *BD* et coupe *AD* selon un rapport connu, soit selon le tiers. Soit le triangle *AGE*. Nous voulons mener du <point> *A* une droite qui aboutit à *CD*, telle que le triangle qui est entre *DC* et *DB* soit égal au triangle découpé par la droite menée à partir du triangle *AGE*, ou à son double, ou à une quelconque grandeur à volonté.

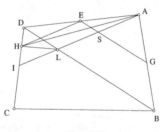

Fig. 25

Qu'il lui soit d'abord égal. Nous joignons *AI* comme nous avons voulu le supposer et que *EH* lui soit parallèle. Nous menons *AH* et *LH*. Puisque le rapport de *DA* à *EA* est connu et est égal au rapport du triangle *LID* au triangle *LIH* et que *DA* est le triple de *EA*, alors le triangle *LID* est le triple du <triangle> *LHI*. Mais nous avons supposé le triangle *ASE* égal au triangle *DLI*. Le triangle *ASE* est donc le triple du triangle *LHI*. Or ils sont entre deux parallèles. La droite *AS* est donc le triple de *LI*. Ainsi lorsque *AE* est le

٢٤ - إذا كان مربع آ ب جـ د، وقطره ب د، وأخرج ل ط يوازي ب د ‏^{١٢٩-ظ} وأخرج آ ز يقع من جـ د على ز ويقطع ب د على حـ، وأخرج ط هـ موازيًا لـ آ ز ونخرج حـ آ ز؛ فأقول: إن نسبة آ ط إلى ط د كنسبة مثلث حـ ز هـ إلى مثلث هـ حـ د ونسبة آ د إلى د ط كنسبة مثلث حـ ز د إلى مثلث حـ هـ د.

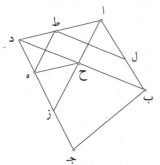

برهانه: أن ط هـ يوازي آ ز، فنسبة آ ط إلى ط د كنسبة ز هـ إلـى هـ د، أعني نسبـة مـثلث حـ ز هـ إلـى مـثلث حـ هـ د. ونسبـة آ د إلى ط د كنسبة مثلث حـ ز د إلى مثلث حـ هـ د؛ وذلك ما أردناه.

٢٥ - مربع آ ب جـ د، قطره ب د، وفيه خط ز هـ يوازي ب د وهو يقطع آ د على نسبة معلومة، وليكن ⟨على الثلث؛ وليكن⟩ المثلث ⟨آ ز هـ⟩. ونريد أن نخرج من آ خطًا ينتهي إلى جـ د ويكون المثلث الذي فيما بين د جـ د ب مثل المثلث الذي قطعه الخط المخرج من مثلث آ ز هـ أو مثليه أو أي قدر أردنا.

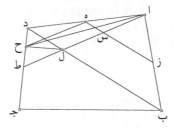

فليكن أولاً مثله، ونصل آ ط كما أردنا فرضًا وهـ حـ موازيًا له؛ و⟨نخرج⟩ آ حـ ل حـ. فلأن نسبة د آ إلى هـ آ معلومة، وهي كنسبة مثلث ل ط د إلى مثلث ل ط حـ ودآ ثلاثة أمثال هـ آ، فمثلث ل ط د ثلاثة أمثال مثلث ل حـ ط، ومثلث آ س هـ فرضناه مثل مثلث د ل ط، فمثلث آ س هـ ثلاثة أمثال مثلث ل حـ ط، وهما بين متوازيين؛ فـ آ س ثلاثة أمثال ل ط. فمتى كان آ هـ ثلث آ د وأردنا أن

tiers de AD et que nous voulons mener du point A une droite qui aboutit à CD et telle que le triangle découpé par la droite menée du triangle AGE, soit le triangle ASE, égale le triangle engendré entre BD et CD, alors nous menons de A une droite qui aboutit à CD, de sorte que la portion entre A et la droite GE soit le triple de la droite qui tombe entre BD et CD. Et d'une manière analogue [130^r] à celle que nous avons décrite, si nous voulons qu'il lui soit égal ou d'une quelconque grandeur à volonté, nous procédons ainsi. Ce que nous voulions.

– **26** – Soit un triangle rectangle ABC dont on connaît l'aire et la somme des côtés. Nous voulons connaître chacun de ses côtés.

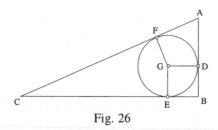

Fig. 26

Nous traçons le cercle FED de centre G inscrit dans le triangle et nous menons les perpendiculaires GD, GE, GF. Nous savons que lorsque nous divisons l'aire par le périmètre on a la moitié du demi-diamètre. La droite DG est donc connue et elle est égale à BE et à BD. La somme des droites DB et BE est donc connue. Mais la droite DA est égale à AF et la droite FC est égale à EC. La somme des droites DA et EC est donc égale à AC. <La droite> AC est donc la moitié du reste et est connue. Nous connaîtrons ensuite AD et EC.

– **27** – Nous voulons connaître dans ce triangle chacun de ses côtés.
Démonstration : Nous traçons DE de la grandeur AB plus BC, AC étant connu. <Nous appliquons à DE une aire égale au double de l'aire du triangle, déficiente d'un carré>.

– **28** – Soit un triangle ACB scalène de hauteur AD connue, qui divise BC selon un rapport connu. <La somme des> deux côtés AC et CB est connue. Nous voulons connaître chacun des côtés du triangle.

نخرج من نقطة آ خطًّا ينتهي إلى جـ د ويكون المثلث الذي قطعه الخط المخرج
من مثلث آ ز ه، وهو مـثلث آ س ه، مـثل المثلث الذي حدث فيما بين ب د
جـ د، فإنا نخرج من آ خطًّا ينتهي إلى جـ د بحيث يكون الذي يقع منه فيما
بين آ وخط ز ه ثلاثة أمثال الخط الذي يقع فيما بين ب د جـ د. وعلى هذا المثال
الذي وصفنا، إن أردنا مثلها أو أي قدر شئنا، فعلنا كذلك؛ وذلك ما أردناه. و-١٣٠.

٥

٢٦ – إذا كان مثلث آ ب جـ قائم الزاوية، وتكسيره ومجموع أضلاعه
معلومان، وأردنا أن نعلم كل واحد من أضلاعه.

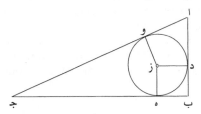

فندير فيه دائرة و ه د على مركز زَ ونخرج أعمدة ز د ز ه زَ و. وقد علمنا
أنا متى قسمنا التكسير على المحيط، خرج ﴿نصف﴾ نصف القطر، فخط د زَ
معلوم، وهو مثل ب ه ومثل ب د. فخطا د ب ب ه مجموعين معلومان. وخط
د آ مثل آ و وخط آ وخط وَ جـ مثل ه جـ. فخطا د آ ه جـ ﴿مجموعين﴾ مثل آ جـ، فـ آ جـ
نصف الباقي معلوم. وبعد ذلك نعلم كل واحد من آ د ه جـ.

١٠

٢٧ – وإذا أردنا أن نعرف في مثل هذا المثلث كل واحد من الأضلاع،
برهانه: فأنا نخط د ه بقدر آ ب جـ، ﴿مجموعين، ولكن﴾ آ جـ ﴿معلوم،
فنضيف إلى د ه سطحًا مساويًا لضِعف سطح المثلث وينقص عن تمامه مربعًا﴾.

١٥

﴿٢٨﴾ إذا كان مثلث آ جـ ب مختلف الأضلاع، وعمود آ د معلومًا، وهو
يقسم ب جـ على نسبة معلومة، وضلعا آ جـ جـ ب معلومين، ونريد أن نعلم كل
واحد من أضلاع المثلث.

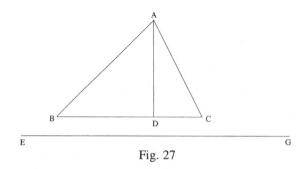

Fig. 27

Nous traçons *EG* et nous la posons égale à la somme de *AC* et de *CB*. Le carré de *AD* est connu et le carré de *AC* est égal à la somme des carrés de *AD* et de *DC*. Ainsi, lorsque nous divisons *EG* en deux parties de sorte que le carré de l'une des deux parties soit égal au carré de *AD* plus le neuvième du carré de l'autre partie si elle est le tiers de *CB*, alors nous connaîtrons ce que nous voulions. Ce problème se subdivisera[16] et sera connu par la figure précédente.

– **29** – On mène du point *A* dans le triangle *ABC* la perpendiculaire *AD* ; la perpendiculaire est connue, *BC* est connu et le rapport de *AB* à *AC* est connu. Nous voulons connaître chacun des <côtés> *AB*, *AC*.

Puisque le rapport de *AB* à *AC* est connu, le rapport du carré de [130ᵛ] *AB* au carré de *AC* est connu. Nous posons la droite *HI* égale à *BC*. Nous voulons la partager en deux parties de sorte que le carré de *AD* plus le carré de l'une des deux parties de *HI* soit égal au carré du

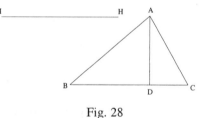

Fig. 28

tiers de l'autre partie plus le carré de *AD*, si le carré de *AB* est égal au tiers du carré de *AC*, et à son quart si le carré de *AB* est le quart du carré de *AC*.

En général, nous partageons *HI* en deux parties de sorte que le rapport du carré de l'une d'elles plus le carré de *AD* au carré de l'autre plus le carré de *AD* soit égal au rapport du carré de *AB* au carré de *AC*. Si nous faisons cela, nous connaîtrons chacun des <côtés> *AB* et *AC* et nous connaîtrons cela de la figure précédente. Ce que nous voulions.

---

[16] À cet égard, voir Ibrāhīm ibn Sinān, *L'analyse et la synthèse* et *Anthologie de problèmes*, dans R. Rashed et H. Bellosta, *Ibrāhīm ibn Sinān. Logique et géométrie au Xᵉ siècle*, Leiden, E.J. Brill, 2000, notamment p. 152, 154, 582.

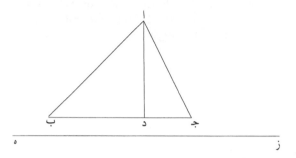

فنخط ه‍ ز ونجعله مثل ا‍ ج‍ ج‍ ب مجموعين. ومربع ا‍ د معلوم ومربع ا‍ ج‍
مثل مربعي ا‍ د د ج‍. فمتى قسمنا ه‍ ز قسمين حتى يصير مربع أحد القسمين
مثل مربع ا‍ د مع تسع مربع القسم الآخر إن كان ثلث ج‍ ب، فقد علمنا ما
أردنا. وهذه المسألة تقسم وتعلم بالصورة التي قبل هذه.

٥ ⟨٢٩⟩ مثلث ا‍ ب‍ ج‍ قد أخرج فيه من نقطة ا‍ عمود ا‍ د، والعمود
معلوم، وب‍ ج‍ معلوم ونسبة ا‍ ب إلى ا‍ ج‍ معلومة. ونريد أن نعرف كل واحد
من ا‍ ب ا‍ ج‍.

فلأن نسبة ا‍ ب إلــى ا‍ ج‍
معلومة، تكون نسبة مربع ا‍ ب
١٢٠-ظ
١٠ إلى مــربع ا‍ ج‍ معلومة. ونجـعل خط
ح‍ ط‍ مثل ب‍ ج‍. ونريد أن نقسمه
بقسمين حتى يكون مربع ا‍ د مع
مربع أحد قسمي ح‍ ط‍ مثل مربع ثلث القسم الآخر مع مربع ا‍ د، إن كان مربع
ا‍ ب ثلث مربع ا‍ ج‍، وربعه إن كان مربع ا‍ ب ربع مربع ا‍ ج‍.

١٥ وبالجملة، فإنا نقسم ح‍ ط‍ بقسمين حتى تكون نسبة مربع أحدهما مع
مربع ا‍ د إلى مربع ا‍ د مع مربع الآخر كنسبة مربع ا‍ ب إلى مـربع ا‍ ج‍. فإذا
فعلنا ذلك، فقد علمنا كل واحد من ا‍ ب ا‍ ج‍، ونعلم ذلك من الصورة التي قبل؛
وذلك ما أردناه.

١ ونجعله: ونجعل. المسألة: المـلب، ولا تستقيم العبارة بهذه الكلمة؛ انظر الشكل الثلاثين /
تقسم: ربما يقصد نعيم بن موسى هنا المعنى الذي نجده عند الرياضيين والمناطقة (انظر ابراهيم بن
سنان، التحليل والتركيب، ص. ١٥٣، ١٥٥؛ المسائل المختارة، ص. ٥٨٣)، وهو قسمة المسألة إلى
أجزاء يمكن تحليلها الواحد بعد الآخر ‒ ١٧ ا‍ ج‍: ب‍ ج‍.

– 30 – Soit un triangle *ACB* scalène de hauteur *AD* connue, qui divise *BC* selon un rapport connu. La somme *AC* plus *CB* est connue. Nous voulons connaître chacun des côtés du triangle.

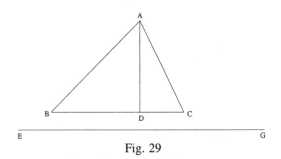

Fig. 29

Nous traçons *EG* et nous la posons égale à la somme de *AC* et *CB*. Le carré de *AD* est connu et le carré de *AC* est égal à la somme des carrés de *AD* et de *DC*. Ainsi, lorsque nous divisons *EG* en deux parties de sorte que le carré de l'une des deux parties soit égal au carré de *AD* plus le quart[17] du carré de l'autre partie, si *DC* <est la moitié de *CB*, ou son neuvième si *DC*> est le tiers de *CB*, alors nous connaîtrons ce que nous voulions. Ce problème se subdivisera et sera connu par la figure précédente.

– 31 – On mène du point *A* dans le triangle *ABC* la perpendiculaire *AD* ; la perpendiculaire est connue ; *BC* est connu et le rapport de *AB* à *AC* est connu. Nous voulons connaître chacun des <côtés> *AB* et *AC*.

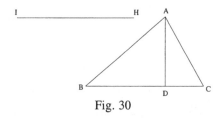

Fig. 30

Nous avons dit que le rapport de *AB* à *AC* est connu. Le rapport du carré de *AB* au carré de *AC* est donc connu. Nous posons *HI* égale à *BC* et nous la partageons en deux parties de sorte que le carré de *AD* plus le carré de l'une des deux parties de *HI* soit égal au carré du tiers de l'autre partie plus le carré de *AD* si le carré de *AB* est le tiers du carré de *AC*, et son quart si le carré de *AB* est le quart du carré de *AC*.

---

[17] Ce problème est identique au problème 28, à cette différence qu'on a, ici, le terme «quart» au lieu de «neuvième». On est devant l'alternative suivante : ou bien corriger «quart» en «neuvième» comme s'il s'agissait d'une erreur du copiste, ce qui est très possible ; ou bien conserver cette valeur, et alors il fallait ajouter l'expression entre <...>. Nous avons préféré cette solution puisque le texte suggère que le rapport peut être quelconque.

〈٣٠〉 إذا كان مثلث اَ جَ بَ مختلف الأضلاع، وعمود اَ دَ معلوماً، وهو يقسم بَ جَ على نسبة معلومة، وجميع اَ جَ بَ معلومين، ونريد أن نعلم كل واحد من أضلاع المثلث.

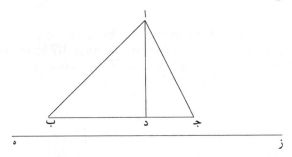

فنخط ه‍ زَ ونجعله مثل اَ جَ بَ مجموعين. ومربع اَ دَ معلوم ومربع اَ جَ مثل مربعي اَ دَ دَ جَ. فمتى ما قسمنا ه‍ زَ قسمين حتى يصير مربع أحد
5 القسمين مثل مربع اَ دَ وربع مربع القسم الآخر، إن كان دَ جَ 〈نصف جَ بَ، أو تسعه إن كان دَ جَ〉 ثلث جَ بَ، فقد علمنا ما أردنا. وهذه المسألة تقسم وتعلم بالصورة التي قبل هذا.

〈٣١〉 مثلث اَ بَ جَ قد خرج فيه من نقطة اَ عمود اَ دَ، والعمود معلوم،
10 وبَ جَ معلوم ونسبة اَ بَ إلى اَ جَ معلومة. ونريد أن نعرف كل واحد من اَ بَ اَ جَ.

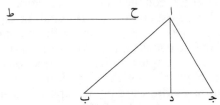

وقد قلنا: إن نسبة اَ بَ إلى اَ جَ معلومة، فنسبة مربع اَ بَ إلى مربع اَ جَ معلومة. ونجعل حَ طَ مثل بَ جَ ونقسمه قسمين حتى يكون مربع اَ دَ مع مربع أحد قسمي حَ طَ مثل مربع ثلث القسم الآخر مع مربع اَ دَ، إن كان مربع اَ بَ
15 ثلث مربع اَ جَ وربعه إن كان مربع اَ بَ ربع مربع اَ جَ.

ـــ

1 اَ دَ؛ دَ ه‍ / معلوماً: معلوم – 2 معلومين: الأفصح «معلوم» «معلوم» – 8 هذه المسألة هي تكرار للمسألة
٢٨ – 15 هذه المسألة هي تكرار للمسألة ٢٩.

En général, nous partageons *HI* en deux parties telles que le rapport du carré de l'une d'elles plus le carré de *AD* au carré de l'autre partie plus le carré de *AD* soit égal au rapport du carré de *AB* au carré de *AC*. Si nous faisons cela, alors nous connaîtrons chacun des <côtés> *AB* et *AC* et nous connaîtrons cela de la figure [131ʳ] précédente. Ce que nous voulions.

– **32** – Soit un cercle *ACBD* inconnu ; le diamètre *AB* coupe le diamètre *CD* selon des angles droits, et il y a dans le quadrant *AC* un rectangle *HIEG*, de sorte que chacune des droites *AG* et *CI* soit connue. Nous voulons connaître le diamètre *CD*. Je dis qu'il est connu.

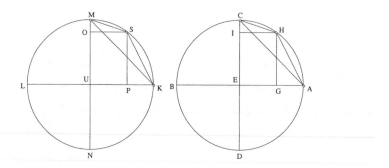

Fig. 31

Démonstration: La surface *BA* par *AG* est égale au carré de *AH* et la surface *AB* par *CI* est aussi égale au carré de *CH*. On a donc multiplié *AB* par les deux grandeurs *AG* et *CI*, connues, et on a les deux carrés de *AH* et de *CH*. Le rapport de *GA* à *CI* est connu et il est égal au rapport du carré de *AH* au carré de *CH*. Le rapport de *AH* à *CH* est donc connu. Nous traçons le cercle *KMNL*, de diamètre connu ; que les deux diamètres *KL*, *MN* se coupent dans celui-ci selon des angles droits. Nous menons *KM* la corde du quart ; elle est connue. Nous élevons sur l'arc *KM* deux droites *KS* et *SM*, dont le rapport de l'un à l'autre est égal au rapport de *AH* à *HC*, qui est connu. On a donc le rapport de *KS* à *SM* connu, et chacune d'elles est connue. Nous menons les perpendiculaires *SP*, *SO* aux diamètres *KL*, *MN*. Chacune d'elles est connue, et chacune des flèches *KP*, *MO* est connue. Le rapport de *KP* à *KL* est connu et il est égal au rapport de *AG*, connu, à *AB*, *AB* est donc connu. Ce que nous voulions.

وبالجملة، فإنا نقسم حَـطَ قسمين حتى تكون ⟨نسبة⟩ مربع أحدهما مع مربع اَدَ إلى مربع الآخر مع مربع اَدَ كنسبة مربع اَبَ إلى مربع اَجَ. فإذا فعلنا ذلك، فقد علمنا كل واحد من اَبَ اَجَ، ونعلم ذلك من الصورة / التي ١٣١-و قبل؛ وذلك ما أردناه.

⟨٣٢⟩ إذا كانت دائرة اَجَبَدَ مجهولة، وقطر اَبَ يقطع قطر جَـدَ   5
على زوايا قائمة، وقد وقع في ربع منها سطح حَـطَ هَـزَ قائم الزوايا، فصيَّر
خطا اَزَ جَـطَ كل واحد منهما معلومًا. ونريد أن نعلم قطر جَـدَ؛ أقول: فهو
معلوم.

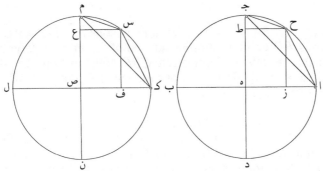

برهانه: أن سطح بَـاَ في اَزَ مثل مربع اَحَ، وسطح اَبَ في جَـطَ أيضًا
مثل مربع جَـحَ، فَـاَبَ ضرب في مقداري اَزَ جَـطَ المعلومين وكان منهما   10
مربعا اَحَ جَـحَ. فنسبة زَاَ إلى جَـطَ معلومة، وهي كنسبة مربع اَحَ إلى مربع
جَـحَ. فنسبة اَحَ إلى جَـحَ معلومة. ونخط دائرة عليها كَـمَ نَ وقطرها
معلوم؛ وليتقاطعا فيها قطرا كَـلَ مَ نَ على زوايا قائمة. ونخرج كَـمَ وتر الربع،
فهو معلوم. ونقيم على قوس كَـمَ خطي كَـسَ سَـمَ نسبة أحدهما إلى الآخر
كنسبة اَحَ إلى حَـجَ التي هي معلومة. فتكون نسبة كَـسَ إلى سَـمَ معلومة،   15
وكل واحد منهما معلوم. ونخرج عمودي سَـفَ سَـعَ على قطري كَـلَ مَ نَ.
فكل واحد منهما معلوم وكل واحد من سهمي كَـفَ مَ عَ معلوم. ونسبة كَـفَ
إلى كَـلَ معلومة، وهي كنسبة اَزَ المعلوم إلى اَبَ. فَـاَبَ معلوم؛ وذلك ما
أردناه.

١١ زَاَ : زَحَ – ١٢ كَـمَ نَ لَ : كَـمَ نَ لَ : كَـمَ لَ نَ – ١٦ سَـفَ : سَـنَ.

– **33** – Soit un triangle rectangle *ABC*; nous voulons mener du point *C* une droite jusqu'à *AB* telle que la droite menée plus le segment entre elle et *B* soit égale à la droite *AC* plus l'autre partie de la droite *AB*.

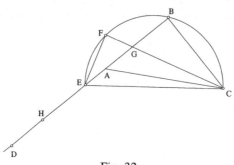

Fig. 32

Nous prolongeons *BA* jusqu'en *D* et nous posons *AD* égal à *AC*. [131ᵛ] Nous partageons *BD* en deux moitiés au <point> *E* et nous joignons *EC*. Nous construisons sur elle un demi-cercle *CBE*. Nous menons du point *E* la corde *EF* égale à la moitié de *BC* et nous menons *FC*, coupant *AB* en *G*. Je dis que *DG* est égal à la somme des droites *CG* et *GB*.

Démonstration: Le triangle *FGE* est semblable au triangle *BGC* et la droite *FE* est la moitié de *BC*; la droite *EG* est donc la moitié de *GC*. Nous posons *DH* égal à *BG*. Il vient *EH* égal à *EG*. La droite *GH* est donc égale à *GC*. Mais *BG* est commun, donc les droites *CG* et *GB* sont égales à *HB*. Mais *HB* est égale à *DG* et *DG* est égal à *CA* plus *AG*. La droite *CA* plus la droite *AG* est donc égale aux droites *CG* plus *GB*. Et ainsi, si l'angle était aigu ou obtus, le procédé serait le même.

– **34** – Soit un triangle isocèle *ABC*, tel que les deux côtés *BA* et *AC* soient connus et que la somme de la perpendiculaire *AD* et de la base *BC* soit connue; nous voulons connaître chacune d'elles. Nous disons que ce problème est selon deux cas, toujours, à moins que le rapport de *AB* à la moitié de la somme de *AD* et *BC* soit égal au rapport de la somme de *AD* et de *BC* à la racine du carré de la somme de *AD* et *BC* et du carré de la moitié de la somme. S'il en est ainsi, alors il n'y a qu'un seul cas.

< ٣٣ > إذا كان مثلث ا ب جـ قائم الزاوية، وأردنا أن نخرج من نقطة
جـ خطًا إلى ا ب يكون الخط المخرج مع ما بينه وبين ب مجموعين مثل خط
ا جـ مع القسم الآخر من خط ا ب.

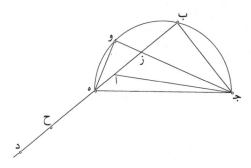

فنخرج ب ا على استقامة إلى دَ ونجعل ا دَ مثل ا جـ. / ونصف ب دَ على   ١٣١-ظ
٥   هـ ونصل هـ جـ. ونعمل عليه نصف دائرة جـ ب هـ، ونخرج من نقطة هـ وترَ هـ و
مثل نصف ب جـ ونخرج و جـ ويقطع ا ب على زَ؛ فأقول: إن دَ زَ مثل خطي جـ زَ
زَ ب مجموعين.

برهانه: أن مثلث و زَ هـ شبيه بمثلث ب زَ جـ وخط و هـ نصف ب جـ؛ فخط
هـ زَ نصف زَ جـ. ونجعل دَ حَ مثل ب زَ، فيصير هـ حَ مثل هـ زَ، فخط زَ حَ مثل
١٠   زَ جـ. وب زَ مشترك، فخطا جـ زَ زَ ب مثل حَ ب. وحَ ب مثل دَ زَ ودَ زَ مثل
جـ ا ا زَ. فخطا جـ ا ا زَ مثل خطي جـ زَ زَ ب. وكذلك لو كانت الزاوية حادة أو
منفرجة، لكان العمل واحدًا.

– ٣٤ – إذا كان مثلث ا ب جـ متساوي الساقين وساقا ب ا ا جـ معلومين
وعمود ا دَ مع قاعدة ب جـ مجموعين معلومين، ونريد أن نعلم كل واحد
١٥   منهما. فنقول: إن هذه المسألة تكون على وجهين أبدًا، إلا أن تكون نسبة ا ب
إلى نصف ا ب جـ كنسبة ا دَ ب جـ إلى جذر مربعي ا دَ ب جـ ونصفه
مجموعين. فإنها إذا كانت هكذا، فليس يكون إلا على وجه واحد.

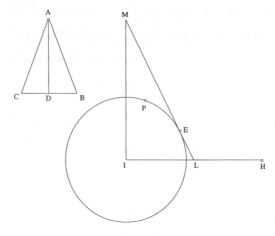

Fig. 33

Démonstration : Nous menons la droite *HI* égale à la somme de *AD* et de *BC* et nous la partageons en deux moitiés au <point> *L*. Nous traçons de centre *I* et avec la distance *AB* le cercle *EP* et nous élevons au point *I* la perpendiculaire *IM* égale au double de *IL* ; nous menons *LM*. Si le rapport de *AB* à *IL* est égal au rapport de *IM* à *ML*, alors *ML* sera tangente au cercle *EP* et *AD* et *BC* seront d'une seule manière.

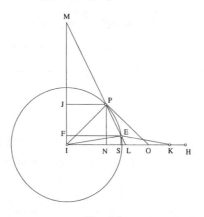

Fig. 34

S'il n'en était pas ainsi et que *ML* coupe le cercle *EP*, qu'il le coupe aux points *E* et *P*. Nous menons des points *E* et *P* les perpendiculaires *ES* et *PN*

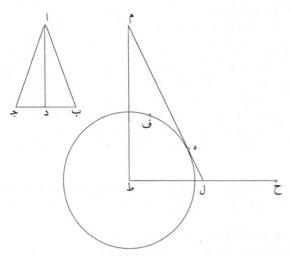

برهانه: أنا نخرج خط ح ط مثل ا د ب جـ مجموعين ونصفه على ل،
وندير على مركز ط وببعد ا ب دائرة ه ف، ونقيم على نقطة ط عمود ط م
مثلي ط ل، ونخرج ل م. فإن كانت نسبة ا ب إلى ط ل كنسبة ط م إلى م ل،
فإن م ل حينئذ يماس دائرة ه ف ويكون ا د ب جـ على وجه واحد .

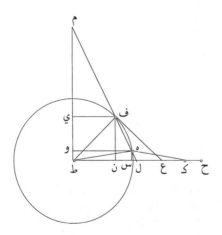

5   فإن لم يكن كذلك، وكان م ل يقطع دائرة ه ف، فليقطعها على نقطتي ه
ف. ونخرج من نقطتي ه ف عمودي ه س ف ن إلى ح ط وعمودي ه و ف ي

3 مثلي : مثل – 5 فليقطعها : فليقطعه .

à *HI* et les perpendiculaires *EF* et *PJ* à *MI* ; nous joignons *EI* et *PI* et nous séparons *HO* de *HI*, égal au double de *NL*, et *HK*, égal au double de *LS*. [132ʳ] Nous joignons *EK* et *PO*. Puisque *IM* est égal au double de *IL*, alors *PN* sera égal au double de *NL* et *ES* égal au double de *SL*. De même *HO* sera égal à *PN* et *HK* égal à *ES*, et il reste *KI* égal au double de *SI* étant donné que *MF*, qui est égal à *KI*, est le double de *EF*, qui est égal à *SI*. Il reste aussi *OI* égal au double de *NI*. On a donc *KE* égal à *EI* et *OP* égal à *PI*. Or on a montré que la somme de *ES* et de *KI* est égale à la somme de *PN* et de *OI*. De cela il est clair que le problème se résout de deux manières, comme nous l'avons dit précédemment. Ce que nous voulions.

– **35** – La somme de la corde de l'hexagone et de la corde du décagone d'un cercle quelconque est égale à la corde de trois dixièmes du cercle.

Soit le cercle *ABCDE*, de diamètre *AD*. Nous traçons les droites *AB*, *BC*, *CD*, dont chacune est la corde du sixième. Nous menons *BD* la corde d'un tiers, *DE* la corde d'un cinquième et *EA* la corde de trois dixièmes. Nous prolongeons *BA* et nous séparons *AG* la corde d'un dixième. Je dis que *AE* est égal à *GB*.

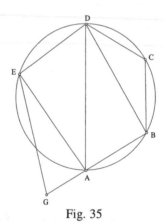

Fig. 35

Démonstration : *GB* a été divisé en *A* en extrême et moyenne raison. Donc *BG* par *GA* est égal au carré de *BA*. Mais la somme des carrés de *GA* et de *AB* est égale au carré de *DE* et le carré de *BD* est égal à trois fois le carré de *AB*, c'est-à-dire égal au carré de *BA* plus le double produit de *BG* par *GA*. Mais *BG* par *GA* est égal à *BA* par *AG* plus le carré de *AG*. Le carré de *DB* est donc égal au carré de *BA* plus le double produit de *BA* par *AG* plus le double du carré de *AG*, c'est-à-dire égal à la somme des carrés de *BG* et de *GA*. Nous posons le carré de *BA* commun. On a la somme des

إلى م ط، ونصل ه ط ف ط، ونفصل من ح ط ح ع مثلي ن ل وح ك مثلي
ل ك س، / ونصل ه ك ف ع. فلأن ط م مثلا ط ل، يكون ف ن مثلي ن ل ١٣٢-و
وه س مثلي س ل. وكذلك يكون ح ع مثل ف ن وح ك مثل ه س، ويبقى
ك ط مثلي س ط، لكون م و المساوي لـ ك ط مثلي ه و المساوي لـ س ط؛

٥ ويبقى أيضًا ع ط مثلي ن ط. فيكون ك ه مثل ه ط وع مثل ف ط. وقد تبين
أن ه س ك ط مجموعين مثل ف ن ع ط مجموعين، وتبين من ذلك أن المسألة
تخرج على وجهين، كما قدمنا؛ وذلك ما أردناه.

– ٣٥ – مجموع وتر المسدس ووتر المعشر في كل دائرة يساوي وتر
ثلاثة أعشارها.

١٠ فليكن الدائرة ا ب ج د ه والقطر ا د؛ ونرسم خطوط ا ب ج د كل
واحد وتر السدس، ونخرج ب د وتر الثلث ود ه وتر الخمس وه ا وتر ثلاثة
أعشار، ونخرج ب ا ونفصل ا ز وتر العشر؛ فأقول: إن ا ه مثل ز ب.

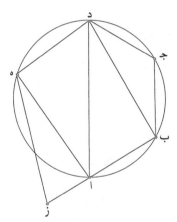

برهانه: ز ب مقسوم على ا على نسبة ذات وسط وطرفين، فـ ب ز في ز ا
مثل مربع ب ا. ومربعا ز ا ا ب مثل مربع د ه، ومربع ب د ثلاثة أمثال مربع

١٥ ا ب، أعني مثل مربع ب ا ومثلي ب ز في ز ا. وب ز في ز ا مثل ب ا في ا ز
ومربع ا ز، فمربع د ب يكون مثل مربع ب ا وضعف ضرب ب ا في ا ز وضعف
مربع ا ز، أعني مثل مربعي ب ز ز ا. ونجعل مربع ب ا مشتركًا، فيكون مربعا

carrés de *DB* et de *BA*, c'est-à-dire le carré de *DA*, le diamètre, égale au carré de *BG* plus le carré de *BA* plus le carré de *AG*, c'est-à-dire égale au carré de *BG* plus le carré de *DE*. Or ceci était égal à la somme des carrés de *DE* et de *EA*. [132ᵛ] La somme des carrés de *BG* et de *DE* est donc égale à la somme des carrés de *EA* et de *DE*. Nous retranchons le carré de *DE* commun. Il reste les carrés de *EA* et de *BG* égaux. Donc *EA* et *BG* sont égaux. Ce que nous voulions.

Je dis qu'il n'y avait pas d'utilité lorsque j'ai mené les droites *BC* et *CD*. Et on a montré que lorsqu'on joint la corde des trois dixièmes du cercle et la corde du sixième, elles se séparent en extrême et moyenne raison, que la plus petite est la corde du sixième et que la somme des carrés de la corde des trois dixièmes et de la corde du dixième est égale au carré de la corde du tiers.

Il faut que tu saches que le rapport de la corde des deux cinquièmes, à la corde du cinquième, est égal au rapport de la corde du sixième à la corde du dixième, car la corde des deux cinquièmes et la corde du cinquième, si on les joint, se divisent en extrême et moyenne raison, comme la corde du sixième et la corde du dixième.

– **36** – Autre démonstration : La somme de la corde du sixième et de la corde du dixième est égale à la corde des trois dixièmes du cercle.

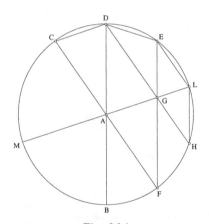

Fig. 36.1

Soit le cercle *LFD*, dans lequel on mène les diamètres *BD* et *CF*, qui se coupent selon l'angle d'un dixième. Menons *DH* parallèle à *CF*. Alors *HF* est aussi un dixième du cercle et *HD* est trois dixièmes de celui-ci. Nous menons *FGE* parallèle à *BD*. On a alors <l'arc> *ED* également un dixième.

د ب آ، أعني مربع د آ، القطر، يكون مثل مربع ب ز ومربع ب آ ومربع آ ز،

أعني مثل مربع ب ز ومربع د ه. وكان مثل مربعي د ه آ. فمربعا ب ز د ه ‖١٣٢-ظ

مثل مربعي ه آ د ه. ونلقي مربع د ه المشترك، يبقى مربعا ه آ ب ز متساويين،

فـ ه آ ب ز متساويان؛ وذلك ما أردناه.

5   أقول: ليس في إخراجي خطي ب ج د فائدة فيه. وقد بان بأن وتر

ثلاثة أعشار الدائرة ووتر السدس إذا وصلا، انقسما على نسبة ذات وسط

وطرفين، وأقصرهما وتر السدس، وأن مربعي وتر ثلاثة أعشار ووتر العشر

مثل مربع وتر الثلث.

وينبغي أن تعلم أن نسبة وتر الخمسين إلى وتر الخمس كنسبة وتر

10   السدس إلى وتر العشر، لأن وتر الخمسين ووتر الخمس إذا اتصلا، انقسما

على نسبة ذات وسط وطرفين مثل وتر السدس ووتر العشر.

‏– ٣٦ – برهان آخر على أن وتر السدس ووتر العشر مجموعين مثل وتر

ثلاثة أعشار الدائرة.

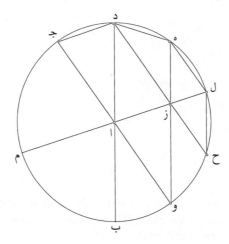

فليكن دائرة ل و د؛ قد أخرج فيها قطرا ب د ج و يتقاطعان على زاوية

15   العشر. ولنخرج د ح يوازي ج و، فيكون ح و أيضًا عشر الدائرة وح د ثلاثة

أعشارها. ونخرج و ز يوازي ب د، فيكون ه د أيضًا عشرًا. ولأن سطح

Mais puisque la surface *FADG* est un parallélogramme et que le côté *DA* est égal à *AF*, alors la surface *FADG* est un losange dont chaque côté est le demi-diamètre. Le côté *FG* est donc un demi-diamètre et l'angle *GFA* est égal à l'angle *CAD* en raison du parallélisme de *EF* et *DB*. Nous joignons *EGF* ; on a l'angle *GFA* égal lui aussi à l'angle *EDG* car ils sont selon le cinquième. Les angles *EGD* et *EDG* sont égaux, donc *EG* est égale à *ED* et *ED* est la corde du dixième. <La droite> *EG* est donc la corde du dixième, donc *EF* est la corde du dixième plus la corde du sixième et il est la corde des trois dixièmes du cercle. Ce que nous voulions.

Si on joint *AG* et *DC*, elles seront parallèles et égales. <La droite> *AG* est donc égale à la corde du dixième. Si on prolonge [133ʳ] *AG* jusqu'en *L*, les deux arcs *HL* et *LE* seront égaux, et cela en raison de l'égalité des angles *DAL* et *FAL* et de l'égalité des arcs *ED* et *HF*. Si nous joignons *HL* et *LE*, la droite *HG* sera égale à chacune des droites *HL* et *LE* et le triangle *HLG* sera semblable au triangle *FGA*. Le rapport de *HG* à *GL* est donc égal au rapport de *FA* à *AG*. Et l'aire *GL* par *FA*, c'est-à-dire *GL* par *LA*, est égale à l'aire de *HG* par *AG*, c'est-à-dire le carré de *AG*. <La droite> *LA* est donc divisée en extrême et moyenne raison au <point> *G* et sa plus grande partie est *AG*. Si on prolonge *LA* jusqu'en *M*, il sera clair que *GM* se divise au <point> *A* en extrême et moyenne raison et que la plus grande partie *AM* est la corde d'un sixième.

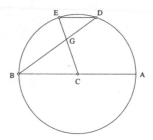

Fig. 36.2

[Je dis[18] d'une autre manière, à partir des acquis (*fawā'id*) de Mu'ayyid al-Dīn al-'Urḍī : Soit le cercle *ADB*, de diamètre *AB* et de centre *C* ; que chacun des arcs *AD* et *BE* soit un cinquième de cercle. Il reste *DE* un dixième. Joignons *DE*, *DB* et *EC*, qui se coupent au <point> *G*. Alors *DE*

---

[18] Ce paragraphe emprunté à al-'Urḍī a été intégré par le copiste dans le texte ; il était peut-être à l'origine en marge du modèle de cette copie, lequel était de la main de Naṣīr al-Dīn al-Ṭūsī, qui connaissait bien al-'Urḍī et ses travaux. Nous ignorons cependant à quel traité d'al-'Urḍī ce paragraphe a été emprunté, à moins que *fawā'id* désigne le titre d'un livre d'al-'Urḍī. D'ailleurs, il est très vraisemblable que toute la proposition 36 est due à Naṣīr al-Dīn al-Ṭūsī.

و ا د ز متوازي الأضلاع وضلع د ا يساوي و ا، فسطح و ا د ز معيّن، كل ضلع منه مثل نصف القطر. فضلع و ز نصف القطر وزاوية ز و ا مثل زاوية ج ا د لتوازي ه ز و د ب، ونصل ه ز و، يكون زاوية ز و ا أيضًا مثل زاوية ه د ز لأنهما على الخمس. فزاويتا ه ز د ه ز متساويتان، فـ ه ز مثل ه د وهـ د مثل وتر العشر،

5 فـ ه ز وتر العشر، فـ ه و وتر العشر ووتر السدس مجموعين، وهو وتر ثلاثة أعشار الدائرة؛ وذلك ما أردناه.

وإذا وصل ا ز د ج، كانا متوازيين ومتساويين، فـ ا ز يساوي وتر العشر. وإذا أخرج / ا ز إلى ل، صار قوسا ح ل ل ه متساويين؛ وذلك لتساوي ١٣٣ـو زاويتي د ا ل و ا ل وتساوي قوسي ه د ح و. وإذا وصلنا ح ل ل ه، كان خط

10 ح ز مثل كل واحد من خطي ح ل ل ه، ومثلث ح ل ز شبيه بمثلث و ز ا، فنسبة ح ز إلى ز ل كنسبة و ا إلى ا ز؛ وسطح ز ل في و ا، أعني ز ل في ل ا، مثل سطح ح ز في ا ز، أعني مربع ا ز. فـ ل ا مقسوم على نسبة ذات وسط وطرفين على ز وقسمه الأطول ا ز. وإذا أخرج ل ا إلى م، تبين أن ز م ينقسم على ا على نسبة ذات وسط وطرفين، والأطول ا م وتر السدس.

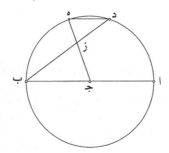

15 [أقول بوجه آخر من فوائد مؤيّد الدين العرضي: لتكن دائرة ا د ب، قطرها ا ب ومركزها جـ، وليكن كل واحد من قوسي ا د ب ه خمسًا من الدائرة؛ فيبقى د ه عشرًا. ونصل د ه د ب ه جـ متقاطعين على ز، فـ د ه يوازي

1 يساوي و ا: في الهامش مع «صح» – 2 ج ا د: ه ا د – 4 ه د (الأولى): ه ر – 5 فـ ه ز وتر العشر: مكررة – 7 فـ ا ز: فان – 9 و ا ل: ح ا ل – 12 فـ ل ا: فـ ل ر – 15 أقول: ربما كانت هذه الفقرة على هامش نسخة نصير الدين الطوسي قبل أن يُدخلها ناسخ هذه المخطوطة في النص. ولا ندري ما هي الرسالة التي كتب فيها مؤيد الدين العرضي هذه الفقرة، إلا إذا كانت كلمة «فوائد» هي عنوان كتاب للعرضي. والغالب أن كل المسألة ترجع إلى نصير الدين الطوسي – 17 ه جـ: ح جـ ح.

est parallèle à *AB* et les triangles *DGE* et *CGB* sont semblables. Et l'angle *ACG*, qui est sur trois dixièmes du cercle par rapport au centre, est égal à la somme des angles *CGB* et *CBG*. Et l'angle *CBG*, qui est auprès de la circonférence, est selon deux dixièmes par la grandeur selon laquelle l'angle au centre est un dixième. Il reste l'angle *CGB* égal à l'angle au centre qui est selon deux dixièmes ; et de même l'angle *GCB*. Ils sont donc égaux et *BC* est donc égal à *BG* ; il est donc la corde d'un sixième. De même, *DG* est égal à *DE*, la corde d'un dixième. Donc *DB*, la corde des trois dixièmes du cercle, est égal à la somme de la corde d'un sixième et de la corde d'un dixième. Ce que nous voulions.]

– **37** – Nous voulons diviser une droite donnée en deux parties de sorte que le produit de la droite par le double ou par de nombreuses fois une des parties soit égal au carré de l'autre partie.

Nous posons la droite *AB*. Nous voulons d'abord la diviser en deux parties telles que le produit de la droite par le double de l'une de ses deux parties soit égal au carré de l'autre partie.

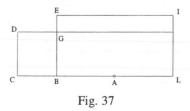

Fig. 37

Nous prolongeons *AB* jusqu'en *L* ; nous posons *AL* égal à *AB*, nous élevons au point *L* de la droite [133ᵛ] *AL* la perpendiculaire *LI* égale à *AB* et nous complétons le parallélogramme *LE*. Nous appliquons à la droite *LB* un parallélogramme égal à la surface *LE* et excédant d'un carré. Soit *LD*. *LD* est donc égal à *LE*. Nous retranchons *LG* commun ; il reste l'aire *IG* égale au carré *GC*. Mais l'aire *IG* est le double produit de *BE* par *EG*. Nous avons donc divisé *BE* au point *G* de sorte que le produit de la droite par le double de l'une des deux parties soit égal au carré de l'autre partie.

C'est à ce même procédé que l'on recourt si l'on veut multiplier la droite par le triple de l'une des deux parties ou par de nombreuses fois celle-ci, et que ce soit égal au carré de l'autre partie : nous agissons en cela en multipliant *AB* par la quantité du nombre de fois.

ا ب ومثلثا د ز ه ج ز ب متشابهان. وزاوية ا ج ز، التي على ثلاثة أعشار الدائرة عند المركز، تساوي زاويتي ج ز ب ج ب ز. وزاوية ج ب ز، التي عند المحيط على عُشرين، تكون بقدر زاوية على عُشر عند المركز. ويبقى زاوية ج ز ب تساوي زاوية مركزية تكون على عُشرين، وزاوية ز ج ب كذلك؛

5   فهما متساويتان، فـ ب ج يساوي ب ز، فهو وتر السدس، وكذلك يكون د ز مساويًا لـ د ه وتر العشر، فـ د ب وتر ثلاثة أعشار الدائرة مساوٍ لوتري السدس والعشر مجموعين؛ وذلك ما أردناه.]

‹٣٧› نريد أن نقسم خطًا معلومًا بقسمين حتى يكون ضرب الخط في أحد قسميه مرتين أو مرارًا كثيرة مثل مربع القسم الآخر.

10   فنجعل الخط ا ب، ونريد أن نقسمه أولاً بقسمين حتى يكون ضرب الخط في أحد قسميه مرتين مثل مربع القسم الآخر.

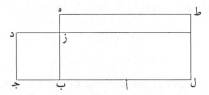

ظ-١٣٣ ا ل / فنخرج ا ب إلى ل، ونجعل ا ل مثل ا ب ونقيم على نقطة ل من خط ا ل عمود ل ط مثل ا ب، ونتمم سطح ل ه المتوازي الأضلاع. ونضيف إلى خط ل ب سطحًا متوازي الأضلاع مساويًا لسطح ل ه ويزيد على تمامه مربعًا، وهو

15   ل د. فـ ل د مثل ل ه؛ ونلقي ل ز المشترك، فيبقى سطح ط ز مثل مربع ز ج. ولكن سطح ط ز هو مضروب ب ه في ه ز مرتين. فقد قسمنا ب ه على نقطة ز وصار مضروب الخط في أحد قسميه مرتين مثل مربع القسم الآخر.

وبهذا التدبير لو أردنا ضرب الخط في أحد القسمين ثلاث مرارًا أو أكثر من ذلك مثل مربع القسم الآخر، لفعلنا في ذلك بأن نضاعف ا ب بقدر عدد

20   المرات.

1 ومثلثا: في الهامش مع «صح» – 5 متساويتان: متساويان – 15 ل ه: ا ه؛ ا ل – 18 ثلاث: ثلاث – 20 المرات: المراتب.

– **38** – Nous voulons diviser une droite donnée en deux parties telles qu'un certain nombre de fois le carré de l'une de ces deux parties soit égal à la droite, multipliée par l'autre partie.

Soit la droite AC. Nous voulons la partager de sorte que le triple du carré de l'une des parties soit égal au produit de la droite par l'autre partie.

Nous construisons sur AC le carré AI et nous séparons de AC son tiers ; soit CB. Nous menons BM parallèle à CI. Alors l'aire BI est le tiers du carré AI. Nous appliquons à BC le parallélogramme BD égal au parallélogramme BI excédant d'un carré CD. Si nous retranchons BG commun, il reste le carré CD égal à GM, c'est-à-dire le tiers de LI. L'aire LI est donc le triple du carré CD ; mais l'aire LI est le produit de CI, c'est-à-dire AC, par IG. Le produit de CI par IG est donc égal au triple du carré de CG. Ce que nous voulions.

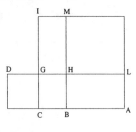

Fig. 38

– **39** – Soit posée une droite AB. Nous voulons la diviser de sorte que le produit de AB par un certain nombre de fois l'une de ses parties auquel on ajoute l'aire M soit égal à autant de fois le carré de l'autre partie, auquel on ajoute l'aire R.

Si M est égal à R, alors si nous divisons AB en extrême et moyenne raison, on obtient ce que nous voulions.

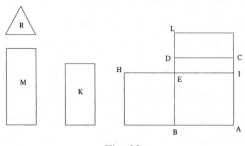

Fig. 39a

Si [134^r] M n'est pas égal à R, alors que M soit plus grand que R et que l'excédent de M sur R soit la grandeur K. Construisons sur AB le carré $ACDB$ et appliquons à la droite CD l'aire CL égale à l'aire K. Nous appliquons ensuite à AB le parallélogramme AH excédant du carré BH et tel

<٣٨> فإذا أردنا أن نقسم خطًّا معلومًا بقسمين حتى يكون مربع أحد قسميه مرارًا عدة مثل الخط في القسم الآخر.

وليكن الخط ا ج؛ ونريد أن نقسمه بحيث يكون مربع أحد قسميه ثلاث مرات مثل ضرب الخط في القسم الآخر.

5 فنعمل على ا ج مربع ا ط ونفصل من ا ج ثلثه، وهو ج ب؛ ونخرج ب م يوازي ج ط، فسطح ب ط ثلث مربع ا ط. ونضيف إلى ب ج ‹سطح ب د المتوازي الأضلاع الذي يساوي› سطح ب ط المتوازي الأضلاع يزيد على تمامه 10 مربع ج د. فإذا ألقينا ب ز المشترك، يبقى مربع ج د مثل ز م، أعني ثلث ل ط، فسطح ل ط ثلاثة أمثال مربع ج د. وسطح ل ط هو مضروب ج ط، أعني ا ج، في ط ز. فمضروب ج ط في ط ز مثل ثلاثة أمثال مربع ج ز؛ وذلك ما أردناه.

<٣٩-ا> إذا كان خط ا ب موضوعًا، ونريد أن نقسمه حتى يكون ضرب 15 ا ب في أحد قسميه مرارًا، يزيد على ذلك سطح م مثل مربع القسم الآخر مرارًا، يزيد على ذلك سطح ر.

فإن كان م مثل ر، فإنا إذا قسمنا ا ب قسمة ذات وسط وطرفين، فقد كان ما أردنا.

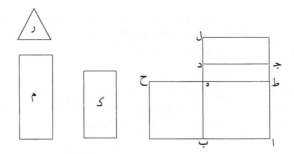

وإن / لم يكن م مثل ر، فليكن م أعظم من ر، وليكن فضل م على ر مقدار ١٣٤-و 20 ك. ونعمل على ا ب مربع ا ج د ب متساوي الأضلاع والزوايا، ونضيف إلى خط ج د سطح ج ل مثل سطح ك. ثم نضيف إلى ا ب سطح ا ح متوازي

que l'aire totale[19] soit égale à l'aire *AL*. Si nous retranchons l'aire *AE* commune, il reste le carré *BH* égal à l'aire *IL*. Mais l'aire *IL* est égale à *BD* par *DE* plus l'aire *K*, qui est l'excédent de l'aire *M* sur l'aire *R*. Le produit de *BD* par *DE* plus l'aire *M* est donc égal au carré de *BE* plus l'aire *R*.

Et si l'aire *R* est plus grande que l'aire *M*, nous prenons son excédent sur celle-ci, et nous appliquons à la droite *CD* de l'autre côté, entre les droites *CD* et *AB*, un parallélogramme égal à la différence. Puis nous procédons comme auparavant. Ce que nous voulions.

<39 bis> Nous voulons diviser une droite connue en deux parties de sorte que le produit de la droite par le double ou par de nombreuses fois une des parties soit égal au carré de l'autre partie.

Soit la droite *CD*. Nous construisons sur elle le carré *DH*, nous menons la diagonale *DH* et nous prolongeons *CD* ; nous construisons *DB* égal à *DC*. Nous menons de *B* une droite parallèle à la diagonale *DH* et nous prolongeons *CH* jusqu'à ce qu'elle la rencontre au point *A*.

Nous construisons le triangle *AGE* semblable au triangle *ACB* et égal à l'aire *BDHA*. Nous retranchons l'aire *AGIH* commune. Il reste l'aire *BDIG* égale au triangle *IEH*. Mais l'aire *BGID* est égale à l'aire *DFEC*, qui est égale à l'aire *EF* par *FI*, et le triangle *HIE* est la moitié du carré de *IE*. Le double de l'aire *EF* par *FI* est donc égal au carré de *EI*. Mais *FE* est égal à *DC*. [134ᵛ] Alors, nous connaissons ce que nous voulions.

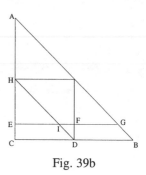

Fig. 39b

Si nous voulons que l'aire *CD* par le triple de l'une des deux parties soit égale au carré de l'autre partie, nous ajoutons une fois et demie *DC* à *DC*, et nous faisons comme nous avons fait précédemment.

– 40 – Nous voulons diviser une droite donnée en deux parties telles que le produit de la droite par le double de l'une de ses deux parties plus le carré d'une autre droite soit égal au carré de l'autre partie.

---

[19] Littéralement : « l'aire ajoutée ».

الأضلاع يزيد على تمامه مربع ب ح، ويكون السطح المضاف مثل سطح آ ل.
وإذا ألقينا سطح آ ه المشترك، بقي مربع ب ح مثل سطح ط ل. وسطح ط ل
مثل ب د في د ه مع سطح كـ، الذي هو فضل سطح مـ على سطح رـ. فمضروب
ب د في د ه مع سطح مـ جميعًا مثل مربع ب ه مع سطح رـ.

٥ ولو كان سطح رـ أعظم من سطح مـ، أخذنا فضله وأضفنا عليه وأضفنا إلى خط
ج د في الجهة الأخرى، التي ما بين خطي ج د ا ب، سطحًا متوازي الأضلاع
مساويًا للفضل، ثم دبرنا كما مرّ؛ وذلك ما أردناه.

‹٣٩-ب› نريد أن نقسم خطًا معلومًا بقسمين حتى يكون ضرب الخط
في أحد قسميه مرتين أو أكثر مثل مربع القسم الآخر.

١٠ فليكن الخط ج د؛ ونعمل عليه مربع د ح، ونخرج قطر د ح ونخرج ج د؛
ونعمل د ب مثل د جـ، ونخرج من ب خطًا موازيًا لقطر د ح، ونخرج ج ح
حتى يلقاه على نقطة آ.

ونعمل مثلث ا ز ه شبيهًا بمثلث ا ج ب
ومساويًا لسطح ب د ح ا. ونلقي سطح
١٥ ا ز ط ح المشترك، يبقى سطح ب د ط ز
مساويًا لمثلث ط ه ح. ولكن سطح ب ز ط د
مثل سطح د و ه جـ، الذي هو مثل سطح ه و
في و طـ، ومثلث ح ط ه نصف مربع ط هـ.
فضعف سطح ه و في و طـ مثل مربع ه طـ، وو ه
٢٠ مثل د جـ؛ / فقد علمنا ما أردنا.

وإن أردنا أن يكون سطح ج د في أحد القسمين ثلاث مرات مثل مربع
القسم الآخر، زدنا في د جـ مرة ونصف مثله، وعملنا كما عملنا قبل.

– ٤٠ – نريد أن نقسم خطًا معلومًا بقسمين حتى يكون ضرب الخط في
أحد قسميه مرتين مع مربع خط آخر مثل مربع القسم الآخر.

١٣٤-ظ

٢ المشتر : المشترـ – ٦ خطي : علامتي، ربما كانت في الأصل «عَلمي»، والصواب ما أثبتنا – ٨ يعيد
في هذه المسألة صياغة المسألة ٣٧ – ٢٢ وعملنا : في الهامش مع «صح».

Soit la droite connue *DC* et le carré de l'autre droite la surface *X*. Construisons sur *DC* le carré *DH* et menons la diagonale *DH*. Construisons sur la diagonale la surface *NL* égale à la surface *X*, construisons le triangle *ABC* et construisons le triangle *AEF* semblable à celui-ci et égal à <la somme> des surfaces *ABDH* et *KHL*.

Nous ôtons <la somme> des surfaces *AEIH* et *KHL* communes. Il reste la surface *BEID* égale au trapèze *IKLF*. Mais le double de la surface *DGFC*, qui est le double produit de *FG* par *GI*, est égal au double du trapèze *IKLF* qui est le gnomon *KNSIFL*. Nous posons le carré *NL* commun. Alors le double produit de *FG* par *GI* plus le carré *NL*, c'est-à-dire la surface *X*, sera égal au carré *IH*, qui est le carré de la droite *IF*. Nous avons donc construit ce que nous voulions.

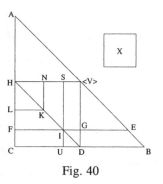

Fig. 40

– **41a** – Nous voulons diviser une droite donnée en deux parties telles que le double produit de la droite par l'une des parties plus le carré d'une autre droite soit égal au carré de l'autre partie plus le carré d'une autre droite.

Nous posons la droite connue *CD* et le carré de la droite qui est avec le produit de la droite par le double de l'une des deux parties, la surface *H* et le carré de la droite qui est avec le carré de l'autre partie, la surface *I*. Nous construisons sur *CD* le carré *CA*, nous menons la diagonale *CA* et nous construisons sur elle le carré *EG* égal à la surface *H*.

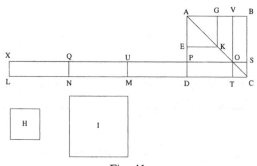

Fig. 41a

فليكن الخط المعلوم د ج ومربع الخط الآخر سطح ش؛ ونعمل على د ج
مربع د ح ونخرج قطر د ح ونعمل على القطر سطح ن ل مساويًا لسطح ش،
ونعمل مثلث ا ب ج ونعمل مثلث ا ه و شبيهًا به ومساويًا لسطحي ا ب د ح
ك ح ل.

5 ونلقي سطحي ا ه ط ح ك ح ل المشتركين،
يبقى سطح ب ه ط د مثل منحرف ط ك ل و.
ولكن ضعف سطح د ز و ج، الذي هو من
ضرب و ز في ز ط مرتين، مثل ضعف منحرف
ط ك ل و، الذي هو علم ك ن س ط و ل.

10 ونجعل مربع ن ل مشتركًا، فيصير ضرب و ز في
ز ط مرتين مع مربع ن ل، أعني سطح ش، مثل
مربع ط ح، الذي هو مربع خط ط و؛ فقد عملنا ما أردناه.

⟨٤١-١-١⟩ نريد أن نقسم خطًا معلومًا بقسمين حتى يكون ضرب الخط في
أحد القسمين ⟨مرتين⟩ مع مربع خط آخر مثل مربع القسم الآخر مع مربع خط
15 آخر.

فنجعل الخط المعلوم ج د ومربع الخط الذي هو مع ضرب الخط في أحد
القسمين مرتين سطح ح، ومربع الخط الذي هو مع ⟨مربع⟩ القسم الآخر سطح
ط. ونعمل على ج د مربع ج ا، ونخرج قطر ج ا، ونعمل عليه مربع ه ز مثل
سطح ح.

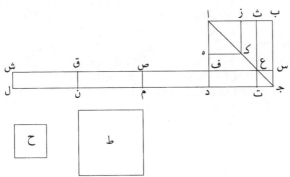

5 ك ح ل المشتركين: في الهامش مع «صح» – 6 ب ه ط د: ب ه د ط – 9 ك ن س ط و ل:
ك ن س ط ل و.

– 41b – Nous voulons diviser une droite donnée en deux parties telles que le double produit de la droite par l'une des parties plus le carré d'une autre droite soit égal au carré de l'autre partie plus le carré d'une autre droite.

Soit la droite connue *CD*, [135ʳ] le carré de la droite qui est avec le produit de la droite par le double de l'une des deux parties, la surface *H* et le carré de la droite qui est avec le carré de l'autre partie, la surface *I*. Nous construisons sur *CD* le carré *AC*, nous menons la diagonale *AC*, nous construisons sur elle le carré *GE* égal à la surface *H*, nous prolongeons *CD* jusqu'en *L*, nous posons *CL* le quadruple de *CD* et nous appliquons à *CL* un parallélogramme *OXL* déficient d'un carré *ST* et qui soit égal à <la somme> du gnomon *BGKEDC* et de la surface *I*. Nous disons que la droite *SP* qui est égale à la droite *CD* a été divisée en *O* comme nous le voulions.

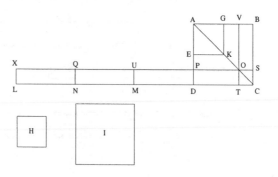

Fig. 41b

Démonstration : Nous menons *TOV* parallèle à *BC*. On a la surface *BT*, qui est égale à la surface *SD*, égale à la surface *PM*. Nous posons la surface *OD* commune. On a le gnomon *BOD* égal à la surface *OM*. Il reste le gnomon *VKP* plus la surface *I* égal à la surface *UL*, c'est-à-dire à la surface *SM*. Nous posons la surface *GE*, c'est-à-dire la surface *H*, commune. On a la surface *XM* qui est égale au double produit de *SP* par *SO* plus la surface *H*, égale au carré *VP*, qui est le carré de la droite *OP*, plus la surface *I*. Par conséquent nous avons divisé la droite *CD* au <point> *T* tel que le double produit de *DC* par *CT* plus la surface *H* soit égal au carré de *TD* plus la surface *I*. Ce que nous voulions.

‹٤١-ب› نريد أن نقسم خطًا معلومًا بقسمين حتى يكون ضرب الخط في أحد القسمين مرتين مع مربع خط آخر مثل مربع القسم الآخر مع مربع خط آخر.

فليكن الخط ‹المعلوم› جـ د، / والمربع الذي مع ضرب الخط في أحد القسمين ‹مرتين› سطح حـ، والمربع الذي مع مربع القسم الآخر سطح طـ. ونعمل على جـ د مربع أ جـ ونخرج قطر أ جـ وعليه مربع ز ه مثل سطح حـ، ونخرج جـ د إلى لـ، ونجعل جـ لـ أربع مرات مثل جـ د، ونضيف إلى جـ لـ متوازي أضلاع عـ ش لـ ينقص عن تمامه مربع سـ ت ويكون مساويًا لعلم بـ ع ك ه جـ د ولسطح طـ؛ نقول: فقد انقسم خط سـ ف المساوي لخط جـ د على عـ، كما أردنا.

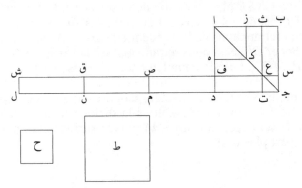

برهانه: نخرج تـ عـ ث موازيًا لـ بـ جـ، فيكون سطح بـ ت المساوي لسطح سـ د مساويًا لسطح فـ م. ونجعل سطح عـ د مشتركًا، فيكون علم بـ ع د مثل سطح عـ م، ويبقى علم ثـ كـ فـ مع سطح طـ مساويًا لسطح صـ لـ، أعني سطح سـ م. ونجعل سطح ز ه، أعني سطح حـ مشتركًا؛ فيكون سطح ش م، الذي هو مثل ضرب ضعف سـ ف في سـ عـ مع سطح حـ، مساويًا لمربع ثـ فـ، الذي هو مربع خط عـ فـ مع سطح طـ. فإذن، قسمنا خط جـ د على تـ بحيث كان ضرب د جـ في جـ تـ مرتين مع سطح حـ مساويًا لمربع تـ د مع سطح طـ؛ وذلك ما أردناه.

---

8 عـ ش لـ : سـ لـ – 11 تـ عـ ثـ : تـ عـ فـ – 16 ثـ كـ فـ : تـ كـ فـ – 17 تـ : قـ.

Si nous voulons que le produit de la droite par l'une des deux parties une seule fois plus la surface mentionnée soit égal au carré de l'autre partie plus la surface mentionnée, nous nous limitons à *CN* [135ᵛ] qui est le triple de *CD* et nous montrons par la même démonstration que précédemment. Ce qu'il fallait démontrer.

De la même manière que nous avons décrite, nous divisons *AB* en deux parties telles que le produit de l'une des parties par l'autre une ou deux ou plusieurs fois, plus le carré d'une autre droite, soit égal au carré de l'autre partie plus le carré d'une autre droite.

– 41c – Je dis[20] : nous reprenons la figure et que le produit de l'une des deux parties soit d'abord une fois ; nous posons *FL* égal à la moitié de *CF*. Nous retranchons du carré *TP* le carré *GE* égal à la surface *H* et nous construisons sur la droite *CL* un parallélogramme déficient d'un carré et qui soit égal à la surface *CKEF* plus la moitié de la surface *I*. Cette surface est *VJ* et son double *CQ* est égal à l'excédent du carré *CA* sur la surface *H* plus la surface *I*. Si nous retranchons de l'excédent du carré *CA* sur la surface *H* les compléments *BO* et *OF*, et si nous retranchons de la surface *VQ* les deux surfaces égales *VP*, *MQ*, il reste le complément *BKP* plus le carré *SV* plus la surface *I* égale à la surface *FU* c'est-à-dire à la surface *VP*. Nous en retranchons le carré commun *SV* ; il reste *OF* égal <à la somme> du complément *TKP* et de la surface *I*. Si nous leur ajoutons la surface *H*, alors la surface *VP* plus la surface *H* sera égale au carré *OA* plus la surface *I* ; et prends-les pour analogues si c'est plus d'une fois.

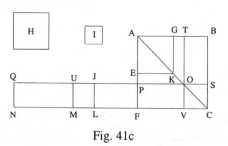

Fig. 41c

– 42 – Il a dit : Nous voulons diviser une droite donnée en deux parties telles que le produit de l'une des parties par l'autre deux fois ou trois fois, ou autant de fois que l'on veut, plus le carré d'une autre droite, soit égal au carré de l'autre partie plus le carré d'une autre droite.

---

[20] Ce paragraphe est peut-être dû à Naṣīr al-Dīn al-Ṭūsī ; le copiste l'aurait transcrit et intégré au texte.

وإن أردنا أن يكون ضرب الخط في أحد القسمين مرة واحدة مع السطح
المذكور مثل مربع القسم الآخر مع السطح المذكور، اقتصرنا على جـ نٍ / الذي ١٣٥-ظ
هو ثلاثة أمثال جـ د وبينا بمثل ما بيّناه آنفًا؛ وذلك ما أردنا أن نبين.

وبمثل ما وصفنا نقسم ا ب قسمين يكون ضرب أحد القسمين في الآخر
٥ مرة أو مرتين أو أكثر مع مربع خط آخر مثل مربع القسم الآخر مع مربع خط
آخر.

⟨٤١-جـ⟩ أقول: نعيد الشكل، وليكن ضرب أحد القسمين مرة أولاً؛
ونجعل و ل مثل نصف جـ و، وننقص من مربع ت ف مربع زَ ه مثل سطح حـ،
ونعمل على خط جـ ل سطحًا متوازي الأضلاع ينقص عن تمامه مربعًا ويكون
١٠ مساويًا لسطح جـ كـ ه و مع نصف سطح طَ. وذلك السطح هو ثـ يـ وضعفه
جـ قـ يساوي فضل مربع جـ ا على سطح حـ مع سطح طَ. وإذا نقصنا من فضل
مربع جـ ا على سطح حـ متمم ب عـ و، ومن سطح ثـ قـ سطحي ثـ ف مـ قـ
المتساويين، بقي متمم ب كـ ف مع مربع سـ ثـ وسطح طَ مثل سطح و صـ،
أعني سطح ثـ ف. ونلقي منه مربع سـ ثـ المشترك، يبقى عـ و ومثل متمم
١٥ ت كـ ف وسطح طَ؛ زدنا عليهما سطح حـ، صار سطح ثـ ف مع سطح حـ
يساوي مربع عـ ا مع سطح طَ؛ وقس عليه أكثر من مرة.

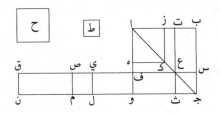

⟨٤٢⟩ قال: نريد أن نقسم خطًا معلومًا بقسمين حتى يكون ⟨ضرب⟩
أحد القسمين في الآخر مرتين أو ثلاث مرات أو كم شئنا مع مربع خط آخر
⟨مثل مربع القسم الآخر مع مربع خط آخر⟩.

Nous posons le nombre de fois trois fois; nous posons la droite donnée *BD* et nous posons la droite dont le carré est avec le triple produit de l'une des parties par l'autre la droite *I* et la droite qui est avec l'autre partie la droite *U*.

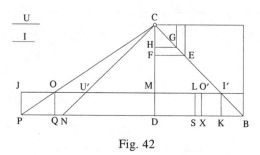

Fig. 42

Nous voulons diviser *BD* en deux parties telles que le triple produit de l'une des deux parties par l'autre plus le carré de *I* soit égal au carré de l'autre partie plus le carré de *U*. Nous augmentons la droite *BD* de *DP*, nous posons *DP* égale à une fois et demie *BD* et nous prenons sur elle une droite égale à *BD*, soit [136ʳ] *DN*. Nous menons *NC*, nous menons *PC* et nous construisons le carré *EC* égal au carré de *U* et le carré *GC* égal au carré de *I*. Nous appliquons à la droite *PB* une aire déficiente d'un rectangle dont la longueur est deux fois sa largeur et telle qu'elle soit égale à la somme de l'aire *GHBD* et du triangle *CEF*; soit l'aire *LJSP*. La droite *SP* est donc égale à *LJ* et le carré *BI'* est égal à *I'S*. Le rectangle *OQPJ* est une fois et demie le carré de *I'L* car *PQ* est une fois et demie *QO*.

Nous prenons sur la droite *DK* la droite *KX* et nous la posons trois quarts de *BK*. Nous menons perpendiculairement *XO'*; l'aire *I'KSL* est égale au triangle *OJP* plus l'aire *XL* et l'aire *XL* est l'excédent de l'aire *U'ONP* sur la moitié de l'aire *I'KDM* car l'aire *U'ONP* est égale à la moitié de l'aire *U'NDM* puisque *BD* est le double de *NP* et que *XL* est égal au quart de *BL*. Nous ôtons les aires *BI'DM* et *DMU'N*, qui sont égales, de l'aire *LSPJ* et de l'aire *I'KNU'* plus la moitié de l'aire *I'KDM*, qui sont égales. Il reste la

فنجعله ثلاث مــرات؛ ونجعل الخط ‹المعلوم› ب د، ونجعل الخط الذي
‹مربعه› هو مع ‹ضرب› أحد القسمين في الآخر ثلاث مرات خط طَ، والخط
الذي هو مع القسم الآخر خط صَ.

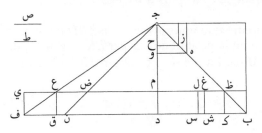

ونريد أن نقسم ب د قسمين حتى يكون ضرب أحد القسمين في الآخر
5 ثلاث مرات مع مربع طَ مثل مربع القسم الآخر مع مربع صَ. فنزيد في خط
ب د د ف، ونجعل د ف مرة ونصفًا مثل ب د، ونأخذ منه مثل ب د وهو /
د ن. ونخرج ن ج ونخرج ف جـ، ونعمل مربع هـ جـ مثل مربع صَ ومربع ز جـ   و-١٣٦
مثل مربع طَ. ونضيف إلى خط ف ب سطحًا ينقص عن تمامه سطحًا طوله مرتين
مثل عرضه ويكون مساويًا لسطح ز ح ب د ولمثلث جـ هـ و جميعًا، وهو سطح
10 ل ي س ف. فخط س ف مثل ل ي، ومربع ب ظ مثل ظ س؛ ويصير سطح
ع ق ف ي المستطيل مرة ونصفًا مثل مربع ظ ل، لأن ف ق مرة ونصف مثل
ق ع.

ونأخذ من خط د ك خط ك ش ونجعله مثل ثلاثة أرباع ب ك، ونخرج
ش غ على زاوية قائمة، فسطح ظ ك س ل مثل مثلث ع ي ف وسطح ش ل،
15 ‹وسطح ش ل› هو فضل سطح ض ع ن ف على نصف سطح ظ ك د م، لأن
سطح ض ع ن ف مثل نصف سطح ض ن د م، لأن ب د ضعف ن ف ولأن
ش ل مثل ربع ب ل. فنلقي سطحي ب ظ د م د م ض ن المتساويين ‹من سطح
ل س ف ي ومن سطح ظ ك ن ض ونصف سطح ظ ك د م جميعًا

---

6 د ف: د و / ونصفًا: ونصف – 7 صَ: طَ – 8 طَ: صَ – 9 ز ح ب د: ز ح ب د – 10 ل ي س ف:
ك ي س ف / س ف: س ف / ل ي: ك ي / ب ظ: ظ ب / ظ س: ظ ل طَ / ظ ل: طَ ر – 11 ع ق ف ي: عقفس –
13 د ك: ل ك / ك ش: ل ش / ب ك: ل ك – 14 ش غ: ش ع / ظ ك س ل: طلش / ع ي ف:
ع س ف / ش ل: شى َ – 15 ض ع ن ف: ص ع ى ف / ظ ك د م: طلدم (وكذلك فيما يلي) –
16 ض ع ن ف: ضعيف / ض ن د م: طلدم – 17 د م ض ن: د م فه.

somme de l'aire *I'KDM* et de la moitié de l'aire *I'KDM* égale à l'aire *GI'HM* plus le triangle *CEF*, car la somme de la moitié de l'aire *I'KDM* et de l'aire *LSXO'* est égale à l'aire *U'ONP*. Nous posons le triangle *GCH* commun ; la somme de l'aire *I'KDM*, de la moitié de l'aire *I'KDM* et du triangle *CGH* est donc égale au triangle *CI'M* plus le triangle *CEF*.

On a ainsi montré que nous avons divisé *BD* en deux parties au <point> *K* de sorte qu'on ait le produit de *DK* par *BK* trois fois plus le carré *GC* égal au produit de *I'M* par lui-même plus le carré *EC*. Ce qu'il fallait démontrer.

*   *
*

J'ai trouvé après la dernière des propositions du livre d'Ibn Mūsā des propositions ajoutées à 42.

Pour toute droite divisée en extrême et moyenne raison, le produit de la droite par la plus grande partie plus le carré de la partie la plus petite est égal au double carré de la partie la plus grande. Ceci a été montré.

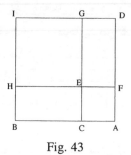

Fig. 43

On montre à partir de cette figure par le gnomon, et on montre en même temps à partir de la figure, que le carré de la droite, qui est *AB*, plus le carré de la plus petite partie, qui est *AC*, est le triple [136ᵛ] du carré de la plus grande partie, qui est *BC*.

Ceci est la fin du livre de Na'īm ibn Muḥammad ibn Mūsā sur les propositions géométriques.

المتساويين›، فيبقى سطح ظ ك د م ونصف سطح ظ ك د م جميعًا مثل سطح

ز ظ ح م ومثل مثلث جـ ه و، لأن نصف سطح ظ ك د م مع سطح ل س ش غ

جميعًا مثل سطح ض ع ن ف. ونجـعل مـثلث ز جـ ح مشتركًا، فسطح

ظ ك د م ونصف سطح ظ ك د م مجموعين مع مثلث جـ ز ح يعدل مثلث

جـ ظ م مع مثلث جـ ه و.

فقد تبين أنا قد قسمنا ب د قسمين على كـ، فصار ضرب د كـ في ب كـ

ثلاث مرات مع مربع ز جـ يعدل مضروب ظ م في مثله مع مربع ه جـ؛ وذلك ما

أردنا أن نبين.

ووجدت آخر أشكال كتاب ابن موسى أشكالاً زائدة على مـبـ.

كل خط قسم على نسبة ذات وسط وطرفين، فإن مضروب الخط في

القسم الأطول مع مربع القسم الأقصر مثل ضعف مربع القسم الأطول؛ وذلك

تبين.

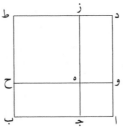

وتبين من هذه الصورة بالعلم وتبين معه من الصورة أن مربع الخط، وهو

آ ب، مع مربع القسم الأقصر، وهو آ جـ، ثلاثة أمثال / مربع القسم الأطول وهو ١٢٦-ظ

ب جـ.

هذا آخر كتاب نعيم بن محمد بن موسى في الأشكال الهندسية.

١ سطح / سطحي / ونصف سطح ظ ك د م: فوق السطر مع «صح» – ٢ جـ ه و ... ظ ك د م مع:
في الهامش / ل س ش ع : كشغ ... مع: في الهامش – ٦ قسمنا ... في: في الهامش
/ كـ: لـ – ٩ ابن / لبني / ابن ... مـبـ: في الهامش – ١٤ القسم (الثانية): في الهامش مع «صح».

GLOSSAIRE ARABE-FRANÇAIS

Lorsque le mot se répète un grand nombre de fois en conservant le même sens, nous avons cité les dix premières occurrences. Chacune de ces occurrences est indiquée par les numéros de page et de ligne.

prendre 131, 5 ; 139, 6, 13	أخذ
	بدل
permutation 89, 3 ; 91, 11, 12	إبدال
	برهن
démonstration 75, 1, 4, 15 ; 77, 1, 8 ; 81, 7 ; 83, 16 ; 87, 1 ; 89, 1, 9 ; ...	بُرهان
distance 119, 2	بُعد
rester 71, 13 ; 75, 17 ; 77, 3, 8, 13 ; 81, 13 ; 89, 13 ; 93, 13 ; 95, 11 ; 97, 9 ; 97, 9 ; ...	بقي
qui reste 75, 6, 17 ; 79, 3 ; 99, 1 ; 109, 12	باقٍ
	بغي
il faut que 87, 8 ; 123, 9	ينبغي أن
montrer 123, 5	بان
clair 79, 9 ; 89, 17 ; 91, 6	بيِّنٌ
montrer 87, 2 ; 89, 5 ; 137, 3 ; procéder 95, 17	بيَّن
montrer 121, 5 ; 141, 6, 8, 12, 13 ; être clair 121, 6	تبيَّن
neuvième 111, 3	تسع
	تمّ
	تمام (انظر زاد ، نقص)
compléter 127, 13	تمّم
complément 75, 7 ; 137, 12-14	متمم

ثُلث tiers 81, 5 ; 101, 7 ; 107, 18 ; 111, 3, 13, 14 ; 113, 7, 14, 15 ; 121, 11 ; ...

ثلاثة trois 89, 5

ثلاثة أمثال / ثلاث مرات (انظر مثل، مرة) triple, trois fois

ثالث troisième 75, 4 ; 77, 1

مثلث triangle 73, 9 ; 79, 1, 3-5, 10, 11, 13, 14 ; 81, 11, 13 ; ...

مختلف الأضلاع —— triangle scalène 85, 13 ; 87, 9 ; 109, 16 ; 113, 1

متساوي الساقين —— triangle isocèle 117, 13

قائم الزاوية —— triangle rectangle 73, 1 ; 77, 5 ; 109, 6 ; 117, 1

ثنى

مثناة (نسبة) doublé (rapport) 105, 2, 5

جذر ج أجذار racine 73, 19-22 ; 75, 3, 4, 6-9, 12, 17 ; ...

جذر المال la racine du carré 75, 17-18 ; 77, 4

جعلَ poser 73, 13, 19 ; 75, 9 ; 77, 1 ; 79, 6 ; 81, 1, 7-9, 12 ; ...

جمع

مجموع somme 73, 22 ; 79, 14 ; 81, 1, 4 ; 93, 14 ; 95, 2, 3 ; 101, 2 ; 109, 6, 10 ; ...

جميع (جميعًا) tout entier, somme 71, 18 ; 73, 21 ; 81, 4 ; 85, 11 ; 91, 14 ; 113, 2 ; 131, 4 ; 139, 9, 18 ; 141, 1, 3

جمل

بالجملة en général 111, 15 ; 115, 1

جنب

عن الجنبتين de part et d'autre 87, 7

في الجانبين de part et d'autre 83, 14

جهل

مجهول inconnu 115, 5

جوز

أجاز faire passer 73, 10 ; 79, 7 ; 83, 6-8 ; 83, 16 ; 105, 12, 15

engendrer, former 95, 7 ; 99, 12 ; 101, 20 ; 103, 15 ; 109, 2   حدث

engendré, formé 71, 17 ; 79, 3 ; 89, 16 ; 97, 16   حادثٌ

    حرف

quadrilatère 89, 10, 11 ; trapèze 133, 6, 8   مُنحَرِف

    حاط

être inscrit 89, 9, 11 ; 87, 5   أحاط

circonscrire 85, 13   عمل على ... يحيط بـ ...

inscrire 87, 9   عمل في ... يحيط بـ ...

périmètre 109, 9 ; circonférence 127, 3   محيط

mener, prolonger 71, 7, 8 ; 73, 5, 13, 14, 16 ; 77, 5, 6, 8 ; 79, 1 ...   خرج (أخرج)

mené, prolongé 91, 2, 15, 17 ; 95, 7 ; 101, 21 ; 103, 2, 15 ; 107, 13 ; 109, 1 ; 117, 2   مخرج

prolonger 91, 6 ; 117, 4   أخرج على استقامة

à l'extérieur 97, 15 ; 103, 15   خارج

tracer 81, 1 ; 109, 14 ; 111, 1 ; 113, 4 ; 115, 12   خطٌ

droite 71, 9, 16 ; 73, 4, 10, 16 ; 75, 11, 13, 16 ; 77, 4, 6 ; ... ; écriture 71, 1   خطّ ج خطوط

droite 73, 3   — مستقيم

absurde 87, 7   خلف

inégal 75, 15   مختلف (انظر أيضًا مثلث، مربع)

cinquième 121, 11 ; 123, 10 ; 125, 4, 16   خُمس

cinq 101, 7   خمسة

    دبر

procéder 97, 12 ; 131, 7   دبّر

procédé 93, 5 ; 97, 12 ; 103, 9 ; 127, 8   تدبير

    دار

cercle 89, 10, 11 ; 93, 8 ; 95, 1 ; 109, 8 ; 115, 5, 12 ; 119, 2, 4, 5 ; ...   دائرة

demi-cercle 73, 4 ; 117, 5   نصف دائرة

tracer (un cercle) 109, 8 ; 119, 2   أدار

ذرع

coudée 101, 6, 7   ذراع ج أذرُع

ذكر

mentionné 75, 5, 11, 14 ; 77, 3 ; 137, 2   مذكور

رُبع ج أرباع

quart 81, 3 ; 111, 14 ; 113, 6, 15 ; 115, 13 ; 139, 17 ; quadrant 115, 6

les trois quarts 139, 13   ثلاثة أرباع

quadrilatère 71, 6, 7, 18 ; 83, 2 ; 101, 18 ; 105, 8 ; 107, 1, 10 ; carré 71, 11, 12 ;   مربّع

73, 6, 7, 19, 24 ; 75, 2, 5, 13, 14, 17 ; ...

quadrilatère de côtés inégaux 101, 18   مختلف الأضلاع —

carré 85, 14 ; 129, 20   متساوي الأضلاع والزوايا —

tracer 73, 3 ; 75, 4 ; 93, 9 ; 121, 10   رسم

ركز

centre 109, 8 ; 119, 2 ; 125, 16 ; 127, 2, 3   مركز

رود

vouloir 73, 1, 10 ; 79, 2, 4, 15 ; 81, 6 ; 83, 4 ; 85, 13 ; 87, 9 ; 89, 5 ; 91, 1 ...   أراد

ce que nous voulions 71, 18 ; 73, 8, 18 ; 77, 13-14 ; 79, 13 ; 83, 2, 12 ;   وذلك ما أردناه

85, 11-12 ; 87, 4, 8 ; ...

زيد

ajouter, augmenter 75, 1 ; 129, 14, 15 ; 131, 22 ; 137, 15 ; 139, 5   زاد

excédant d'une surface 71, 16 ; 81, 10 ; excédant   يزيد / زائداً على تمامه سطحًا / مربعًا

d'un carré 73, 24 ; 127, 14 ; 129, 9 ; 131, 1

excédent 73, 24 ; ajouté 141, 9   زائد

زوي

angle 71, 6 ; 79, 12 ; 89, 12, 13 ; 103, 2 ; 125, 2, 3 ; 127, 1-4 ...   زاوية ج زوايا

— aigu 89, 7, 17 ; 117, 11   حادّة —

— au centre 127, 4   مركزية —

— obtus 77, 11 ; 89, 15 ; 117, 12   منفرجة —

— droit 87, 2, 7 ; 89, 9, 11, 14, 17 ; 101, 18-19 ; 103, 10-11 ; 115, 6,   قائمة —

13 ...

perpendiculaire 81, 9 ; 139, 14   (خط) على زاوية قائمة

سأل

problème 81, 3 ; 111, 4 ; 113, 7 ; 117, 15...   مسألة ج مسائل

propositions géométriques 71, 3   — هندسية

le problème se résout de deux manières 121, 6-7   المسألة تخرج على وجهين

سدس

sixième 121, 11 ; 123, 6, 7, 11, 12 ; 125, 5, 14 ; 127, 5, 7   سُدس

hexagone 121, 8   مسدس

surface 71, 17 ; 73, 20, 21, 23 ; 75, 5, 10, 13, 16 ; 81, 10-14 ; ... ;   سطح ج سطوح
aire 103, 15 ; 105, 2-6 ; 127, 16 ; 129, 11, 15, 16, 21 ; ... ;
rectangle 101, 8, 12, 14, 17 ; quadrilatère 97, 9, 10

produit 71, 12, 13, 16 ; 73, 6 ; 75, 8 ; 77, 9-12 ; ...   سطح ... في ..

rectangle 97, 8-9 ; 139, 10-11   — مستطيل

surface à angles droits 71, 15 ; rectangle 115, 6   — قائم الزوايا

parallélogramme 97, 8, 13 ; 99, 11 ; 103, 4, 12 ; 125, 1 ; 127, 13,   — متوازي الأضلاع
14 ; 129, 8-9, 21 ; 131, 6 ; 135, 8 ; 137, 9 ; ...

flèche 115, 17   سهم

côté 117, 13   ساق (انظر أيضًا مثلث)

سوي

être égal 73, 20 ; 75, 2, 5, 7, 11 ; 77, 6 ; 83, 16 ; 93, 3 ; 125, 1, 7 ; ...   ساوى

égal 71, 14 ; 73, 22 ; 75, 10, 13 ; 81, 11 ; 83, 17, 18 ; 85, 3 ; 91, 7 ; 93, 1 ;   مساوٍ
97, 8 ; ...

égalité 75, 11 ; 125, 8, 9   تساوٍ

égal 71, 7 ; 83, 14, 15, 17, 18 ; 85, 3 ; 89, 13 ; 93, 11 ; 95, 10, 11 ; ...   متساوٍ

شبه

semblable 71, 17 ; 77, 3 ; 81, 11 ; 99, 15 ; 117, 8 ; 125, 10 ; 131, 13 ; 133, 3   شبيه

être semblable 75, 5 ; 85, 4, 5, 7, 8 ; 87, 3 ; 103, 7   أشبه

semblable 87, 2, 3 ; 127, 1   متشابه

شرك

commun, communément 77, 13 ; 87, 2, 6 ; 89, 13 ; 95, 11 ; 99, 2 ; 101,   مشترك / مشتركًا
1 ; 117, 10 ; 121, 17 ; 123, 3 ; ...

figure 137, 7 ; proposition 141, 9   شكل ج أشكال

propositions géométriques 141, 16   — هندسية

vouloir (à volonté) 73, 11 ; 93, 7 ; 97, 12 ; 101, 4 ; 105, 11, 18 ; 109, 5 ; 137, 18   شاء

      صور

figure 95, 1 ; 111, 4, 17 ; 113, 8 ; 115, 3 ; 141, 13   صورة

multiplier 115, 10 ; 127, 18   ضرب

produit 75, 16 ; 121, 16 ; 127, 8, 10 ; 129, 14 ; 131, 8, 23 ; 133, 10, 13, 16 …   ضرب

produit 95, 3 ; 97, 4, 5 ; 127, 16, 17 ; 129, 12 ; 131, 3 ; 141, 7, 10   مضروب

double 81, 14 ; 91, 16 ; 97, 1 ; 103, 4 ; 121, 16 ; 131, 19 ; 133, 7, 8; 135, 15 ; 137, 10 …   ضعف

multiplier 127, 19   ضاعف

côté 71, 6 ; 73, 1, 17, 20 ; 75, 10 ; 79, 1, 8, 14 ; 91, 1, 3 ; …   ضلع ج أضلاع

parallélogramme   متوازي الأضلاع (انظر سطح)

      ضيف

appliquer 71, 16 ; 73, 20, 23 ; 75, 10, 13 ; 81, 9 ; 97, 7 ; 103, 4 ; 127, 13 ; 129, 7…   أضاف إلى

ce qui est appliqué 75, 13 ; 81, 11 ; 131, 1   مضاف

      طرف (انظر نسبة)

      طال

longueur 81, 9 ; 139, 8   طول

plus long 73, 2 ; 87, 8 ; 125, 13, 14 ; 141, 11, 14   أطول

      عدّ

nombre 73, 19, 22 ; 75, 5, 9, 10, 14 ; 77, 1, 3   عدد ج أعداد

nombre (de racines) 73, 19-21 ; 75, 4, 8, 11-12 ; 77, 1, 2…   عدّة (الأجذار)

nombre d'unités qu'elle comprend 75, 11 ; 77, 1-2   عدة ما فيه (من الآحاد)

être égal 73, 19 ; 75, 9 ; 81, 14 ; 141, 4, 7   عدل

égal 75, 12   معادل

largeur 81, 9 ; 139, 9   عرضٌ

connaître 109, 13 ; 111, 6 ; 113, 10   عرف

dixième 121, 12 ; 123, 7, 10-12, 15, 16 ; 125, 4, 5, 7…   عُشر

trois dixièmes 121, 9, 11-12 ; 123, 6, 7, 13, 15-16 ; 125, 5-6 ; 127, 1, 6   ثلاثة أعشار

décagone 121, 8   معشر

عظم

plus grand 129, 19 ; 131, 5   أعظم

connaître, savoir 71, 7, 18 ; 79, 15 ; 87, 5 ; 93, 10 ; 95, 2 ; 109, 7, 8, 12, 17 ; …   علم

gnomon 75, 7 ; 133, 9 ; 135, 8, 12, 13 ; 141, 13   عَلَمٌ

connu 71, 6, 7, 10, 11, 13, 14, 16, 18 ; 73, 19, 21-23 ; …   معلوم

marquer 79, 1 ; 83, 13   أعلَم

marquer 73, 12   تعلّم

عمد

perpendiculaire, hauteur 71, 7 ; 73, 5 ; 77, 5, 8 ; 79, 15 ; 85, 15, 16 ; 87,   عمود ج أعمدة
1, 5, 12, 14 ; …

construire 71, 15 ; 73, 1 ; 75, 5 ; 77, 2, 3 ; 81, 1, 2, 6 ; 95, 15 ; 97, 5 ; …   عملَ

procédé 117, 12   عمل

عود

reprendre 137, 7   أعاد

عين

losange 125, 1   معيّن

supposer 73, 3 ; 107, 14, 17   فرض (فرضٌ)

فسد

d'une extrême altération 71, 4   في غاية الفساد

avec l'altération 71, 5   على الوجه الفاسد

séparer 77, 8 ; 83, 14, 18 ; 85, 15 ; 87, 12 ; 91, 2, 15 ; 121, 1, 12 ; 129, 5 ; …   فصلَ

séparé 79, 3 ; 91, 18 مفصول

excédent, différence 97, 5 ; 129, 19 ; 131, 3, 5, 7 ; 137, 11 ; 139, 15 فضلٌ

faire 97, 9 ; 105, 17 ; 109, 5 ; 111, 17 ; 115, 3 ; 127, 19 فعل

comprendre 71, 4, 5 فهم

فاد

utilité 123, 5 فائدة
acquis 125, 15 فوائد

قبل

précédent 111, 4, 17 ; 113, 8 ; 115, 4 ; 131, 22 الذي قبل ...

multiple 79, 4 ; 93, 6 ; grandeur 97, 11 ; 101, 4, 10 ; 105, 11, 18 ; 107, 13 ; 109, قدرٌ
5, 14 ; 110, 10 ; 127, 3 ; quantité 127, 19
multiple 91, 16 ; grandeur 115, 10 ; 129, 19 مقدار

(dire) précédemment 121, 7 قدم

diviser, partager 73, 4 ; 81, 4 ; 91, 3 ; 93, 10 ; 97, 4 ; 99, 9 ; 105, 1 ; 109, 9, 17 ; قسم
111, 2... ; subdiviser (question) 111, 4 ; 113, 7

partie 81, 4, 5 ; 91, 3 ; 97, 4, 5 ; 101, 8, 9 ; 105, 1 ; 111, 2, 3... قِسمٌ
division 97, 4 ; 101, 8, 9 قسمة
en moyenne et extrême raison 129, 17 ذات وسط وطرفين (انظر أيضًا نسبة) —
divisé 121, 13 ; 125, 12 مقسوم
partager 75, 15 ; 123, 6, 10 ; 135, 9 انقسم

قصر

plus court, plus petit 73, 1 ; 123, 7 ; 141, 11, 14 أقصر
se limiter 137, 2 اقتصر

diagonale 71, 7, 18 ; 81, 2, 8 ; 97, 6, 14 ; 105, 8 ; 107, 1, 10 ; 131, 10, 11 ; قُطر
diamètre 93, 8 ; 95, 1 ; 115, 5, 7, 12, 13, 16 ; 121, 10 ; 123, 1...
demi-diamètre 109, 9 ; 125, 2 نصف قطر

séparer, couper, découper 83, 5 ; 91, 7 ; 95, 14, 17 ; 97, 14 ; 99, 13, 14 ; 101, 8, 20 ; 103, 3 …	قطع
se couper 115, 14 ; 123, 14	تقاطعَ
qui se coupe 125, 17	متقاطع
	قعد
base 85, 10 ; 87, 6 ; 89, 17 ; 95, 10 ; 117, 14	قاعدة
	قلّ
inférieur 87, 6	أقلُّ
arc 115, 14 ; 125, 8, 9, 16	قوس
dire 75, 9 ; 77, 7 ; 83, 15 ; 85, 18 ; 87, 16 ; 89, 8 ; 91, 8 ; 99, 17 ; 105, 3 ; …	قال
	قام
grandeur 101, 11-17	قيمة
droit	قائمة (انظر زاوية)
élever 115, 14 ; 119, 2 ; 127, 12	أقام
prolonger	استقامة (انظر أخرج)
droite	مستقيم (انظر خطّ)
prendre pour analogue 137, 16	قاس
	كثر
nombreux 129, 9	كثير
plus de, plusieurs 127, 18 ; 131, 9 ; 137, 16	أكثر
	كسر
aire 109, 6, 9	تكسير
	كفأ
(hypothèse) 79, 12 ; 83, 10	تكافؤ
rencontrer 79, 8, 9 ; 85, 18 ; 89, 17 ; 131, 12	لقي
rencontrer 85, 2	لاقى
retrancher 75, 16 ; 77, 12 ; 81, 12 ; 95, 10 ; 101, 1 ; 123, 3 ; 127, 15 ; 129, 10 ;	ألقى

131, 2, 14 ; ...
se rencontrer 71, 8 ; 89, 6, 8, 16, 18 التقى

égal, comme 71, 9 ; 73, 6, 7 ; 77, 1, 7-13 ; ... مثل
d'une manière analogue 87, 2 ; 95, 1 ; 137, 4 في مثل ....، بمثله
par exemple 73, 11 ; 83, 5 مثلاً
double 73, 11, 13-15, 18 ; 79, 4-6, 10, 13 ; ... مثلان
triple, trois fois 73, 11 ; 107, 16-18 ; 109, 4 ; 121, 14 ; 129, 11, 13 ; ثلاثة أمثال
137, 3
de manière analogue 109, 4 على هذا المثال

مر
comme auparavant 131, 7 كما مرّ
fois 127, 9, 18, 20 ; 129, 2, 4 ; 131, 21, 22 ; 137, 5, 7, 16 ; ... مرة ج مرات، مرار
double 127, 9, 11, 16, 17 ; 131, 9, 24 ; 133, 8, 11, 17 ; 135, 2 ... مرتين
trois fois 129, 3-4 ; 131, 21 ; 137, 18 ; 139, 1, 2, 5 ; 141, 7 ثلاث مرات
quadruple 135, 7 أربع مرات

مس
être tangent 119, 4 ماسّ

مسح
aire 103, 9 مساحة

مكن
être possible 85, 14 أمكن

*c*arré 73, 19, 22, 25 ; 75, 7, 9, 11, 12, 14, 18 ; 77, 3 ... مال

نسب
rapport 71, 10, 13, 14 ; 73, 1, 2, 7, 8, 11 ; 79, 7, 9 ... نسبة ج نسب
rapport de un à deux 71, 14-15 — الواحد إلى الاثنين
en extrême et moyenne raison 73, 5 ; 99, 9 ; 121, 13 ; 123, على نسبة ذات وسط وطرفين
6-7, 11 ; 125, 12-14 ; 141, 10

نسخ
copie 71, 4, 5 نسخة

parallèle 83, 10 ; 85, 11 ; 95, 10   متوازٍ
parallélogramme   متوازِي الأضلاع (انظر سطح)

وسط (انظر نسبة)
moyen 73, 2   أوسط

décrire 101, 5 ; 109, 5 ; 137, 4   وصف

joindre 73, 6, 14 ; 79, 9 ; 83, 10, 11 ; 85, 2, 9, 15 ; 87, 13 ; 89, 9 ; …   وصَلَ
joindre 123, 10   اتصل

poser 95, 17   وضَعَ
posé 129, 13   موضوع

وفق
quelconque 99, 14   كيف اتفق

tomber, se trouver 73, 10, 11, 17 ; 97, 15 ; 105, 10, 11, 16 ; 107, 2 ; 109, 3, 4 …   وقع
quelconque 73, 9, 12 ; 79, 2, 5-6 ; 83, 6 ; 105, 1, 12   كيف(ما) وقع

ولى
au-delà 91, 3   مما يلي

INDEX DES NOMS PROPRES

TABLE DES MATIÈRES

PRINTED ON PERMANENT PAPER • IMPRIME SUR PAPIER PERMANENT • GEDRUKT OP DUURZAAM PAPIER - ISO 9706

N.V. PEETERS S.A., WAROTSTRAAT 50, B-3020 HERENT